主动出击 挑战人生

提高执行力收获成功

主编 拾月
编著 冯雪

图书在版编目（C I P）数据

主动出击 挑战人生：提高执行力收获成功 / 冯雪编著. -- 北京：现代出版社, 2015.4

ISBN 978-7-5143-3530-9

Ⅰ. ①主… Ⅱ. ①冯… Ⅲ. ①成功心理－青少年读物 Ⅳ. ①B848.4-49

中国版本图书馆 CIP 数据核字(2015)第 067941 号

主动出击 挑战人生：提高执行力收获成功

主　　编　拾　月
编　　著　冯　雪
责任编辑　王敬一
内文制作　诚美天下文化传播有限公司
出版发行　现代出版社
地　　址　北京市安定门外安华里 504 号
邮　　编　100011
电　　话　（010）64267325
传　　真　（010）64245264
邮　　箱　xiandai@cnpitc.com.cn
网　　址　www.1980xd.com
印　　刷　三河市华晨印务有限公司
开　　本　700mmx1000mm　1/16
印　　张　9
版　　次　2015 年 5 月第 1 版　2021 年 4 月第 3 次印刷
书　　号　ISBN 978-7-5143-3530-9
定　　价　29.80 元

前言

每个青少年，都是这个社会中最宝贵的财富，正所谓“少年强则国强”，大至一个民族、一个国家，小至一个家庭、一个家族，都应重视青少年的教育问题。除此之外，也应该重视青少年在这个青春期里，是否能够感受到人世间的善、恶、美、丑。在每个人的人生中，除了需要自身独特的性格之外，还需要拥有感受世界的能力。

人格力、吸引力，能够打造专属个人的名片，扩展人生的宽度。

创新力、竞争力，能够修炼出独特的品性，散发阳光般的魅力。

自控力、成功力，能够时刻反省自身，不脱离人生正常的轨道。

抗逆力、执行力，能够修炼强大内心，提升自身领导能力。

行为、幸福，能够改变一个人的状态，抓住微小之间的幸福。

青春，是每一个人最美好的一段时光，也是每个人人格、性格定型的重要阶段，在这个时期，我们需要享受青春的快乐，同时也需要完成自我塑造。通过心理自助，最终从一个小男生、小女生逐渐成长为一个有着健全人格的人，成长为一个对社会、对家庭、对自我有着相对完整认知的人，成长为能够为自己的未来做主的人。这才是一个最充实、最有价值的青春。每个梦想都值得我们认真对待，每个青少年都是未来的希望。在青春之中，我们不仅要有欢乐，同时也要拥有未来！

本丛书是你化解烦恼的“心灵鸡汤”，可以给你增加快乐的心理自助法则；本丛书会让你认识到：掌控心理，方能掌控世界；改变自己，才能改变一切。本丛书还将告诉你：只有实现积极的心理自助，才能收获快乐而充实的青春。

目录

第一篇 立刻行动，莫等闲

第二篇 主动出击，调动主观能动性

第三篇 认真细致，点滴中体现能力

目录

第四篇 脚踏实地，每一步都刻上自己的印记

第五篇 人生宝藏，时间沉淀下的智慧

第一篇

立刻行动，莫等闲

每个人都有属于自己的想法，这些想法支配着我们整个人生，可是光有想法不足以让我们收获成功，真正成功的秘诀只有一条，那就是行动起来。只有梦想而没有行动，那么一切都只是水中望月，只有当我们真正为了梦想去行动、去奋斗，才能更加体会人生的真谛。

天道酬勤，勤奋总会有收获

故事话题

杰出的经济学家王亚楠从小就是一个非常勤奋且胸怀大志的孩子。他很喜欢读书，常常主动找很多课外读物，并且涉猎广泛。

为了能够多读些书，他就给自己规定，缩短睡眠时间，用来读书。他特意找来锯子，将木板床其中一条腿锯短半尺，这样一来，尽管床还能够“平平稳稳”地立在地上，但是重量稍微发生偏离，床就会倾斜。

每天晚上，王亚楠读书都读到半夜，直到身体非常疲倦、困乏的时候，才去上床休息，可是这张床并不平稳，只要他一翻身就倾斜，于是他就从睡梦中惊醒。一旦被惊醒，他就回到书桌前继续读书。这个习惯陪伴王亚楠走过了整个读书时期，勤奋刻苦使他终于获得了成功。

故事解析

众所周知，任何人的成功都离不开勤奋。要努力地生活和工作，但是这份坚持却非常不容易，这就好比总是有人说我有一个远大的目标，我心怀抱负和信念，但是却没有勤奋和努力，那么梦想就只能是梦想，目标也只能是目标，仅此而已。当我们在追求梦想和目标的时候，当我们一步步地朝着自己的梦想和目标前行的时候，或者是在我们实现了梦想的时候，收获到的快乐绝非是物质所能够相比较的。

所以，正如那句话所说，如果梦想是成功的起跑线，信心和决心是起跑时候的枪声，那么勤奋和努力就是我们全力以赴的狂奔，只有坚持到了最后，才能获得真正的成功和快乐。

故事穿越

中国古代有很多奋发图强、天道酬勤的典故，比如“悬梁刺股”。

战国时期著名的纵横家苏秦自幼就勤于读书。由于家境贫寒，自幼就常常受到别人的歧视，他就在内心发誓，将来一定要出人头地。为此，他奋发读书，从早到晚，不愿意浪费一点时间。有时候，他看书看累了，头也昏昏沉沉的，就用一把锥子扎在大腿上，这样尖锐的疼痛能够让他保持清醒，继续读书。就是凭借这样的勤奋，最终苏秦成为一个满腹经纶的学者，不仅挂六国相印，同时还主持合纵抗秦的大计。

东汉时期著名的政治家、大学者孙敬和苏秦一样，也非常喜欢读书，甚至到了废寝忘食的地步。为了能够多读些书，每天早上天蒙蒙亮的时候，他就拿着书本端坐于桌前。到了深夜，他也不愿意放下书籍，还要借着微弱的烛光继续阅读。

即便如此，他仍然感到不满足，就在房梁上系了一根绳子，另一端拴紧自己的头发，如果他读书读累了，头只要一往下沉，绳子就会拽紧头发，让他瞬间保持清醒。就是凭借着这股子勤奋的精神，最终让他成为当时的大学者。

这两个历史故事因为都是讲述勤奋读书的故事，所以被后人合称为“悬梁刺股”。

故事微语

在我们学生时代，家长和老师就不断在耳畔强调“勤奋”的重要。我们可以没有过人的天赋，也可以没有富有的家室，当拥有了勤勉这张王牌，我们自然能够在人生之中闯出自己的天地。

纵观历史，成功人士几乎没有一个是懒惰之人，苏秦、王亚楠等人之所以能够成功，自然是和他的勤勉有莫大的关系。所以说，勤勉是人生最关键的品行之一。

曾国藩曾经说过：“从一个人的勤奋程度，便可以预知他能成多大的事。勤奋之道，精力虽只八分，却要用到十分，权势虽有十分，只可使出五分。办大事者，在内贵有志气，在外贵得人心。天下古今之庸人，皆以一惰字致败。天下古今之才人，皆以一傲字致败。勤得过头，也将适得其反。”

勤勉，能够弥补我们在天赋上的不足，能够让我们经过时间的洗礼，积淀出最精髓的部分。

心灵箴言

勤奋是好运之母。

——[美] 富兰克林

才能的火花，常常在勤奋的磨石上迸发。

——[德] 威廉·李卜克内西

没有加倍的勤奋，就既没有才能，也没有天才。

——[俄] 门捷列夫

我们越是忙越能强烈地感到我们是活着，越能意识到我们生命的存在。

——[德] 康德

一个勤奋的人虽然会因为他的勤奋而损害到他的见地或者精神上的清新与创意，但是他依然会受到褒奖。

——[德] 尼采

活在当下，心动不如行动

故事话题

古希腊学者库里希坡斯曾经有这样一句名言："过去与未来并不是'存在'的东西，而是'存在过'和'可能存在'的东西。唯一'存在'的是现在。"

有这样一则寓言故事，讲述的就是要珍惜眼前，活在当下：

有一天早上，佛陀正准备吃早餐，一个人心事重重地来找佛陀，佛陀就将他请进室内，认真聆听。可是这个人一开口便停不下来，讲了很多对未来的看法和担忧。

"请问——"佛陀打断了他，问道："你吃过早饭了吗？"

"吃过了。"

"那你刷碗了吗？"

这个人点了点头，又要接着说下去。但是佛陀趁此人开口之前接着问："那你有没有将碗收起来？"

这个人有些不耐烦地说："收了收了，你到底要不要听我说心中的苦闷啊？"

佛陀笑着说："既然你已经吃过了早饭并且收拾干净，还能有什么真正的烦恼呢？你回去吧，我也该吃我的早饭了，这才是我眼前的烦恼。"

这个人走出之后很久才明白佛陀话中的含义——要重视眼前的事情，只有这些才是真正的烦恼。

故事解析

活在当下，是一份人生哲理。有人曾经说过："人这一生，其实只有三天，就是昨天，今天和明天。"昨天，就是已经成为过去的时间，无论它曾经有多么辉煌，还是沮丧，都已经成为过去；明天，则是充满了不确定的未来。可对于整个人生最有意义的还是今天，只有把握住现在，才能有美好的未来。

在现实生活中，我们常常会想要去做些什么，可是却常常瞻前顾后，甚至会因为太犹豫而错失良机，其实大可不必这样，把握住机会，心动不如行动，只有行动才能让我们创造美好的未来。

故事穿越

两只旧钟“嘀嗒”“嘀嗒”一分一秒地走着，一只新组装好的钟表摆放在两只已经用旧的钟表当中。

旧钟表甲说：“新来了一个小伙伴啊，你也要像我这样开始工作了，不过我真担心，你这么瘦小，能按照规定一年走完 3200 万次吗？”

新钟表一听，大吃一惊，想不到一年要走这么多次，也开始担心自己是不是能够坚持下来。

旧钟表乙一看新来的小兄弟这么担心，就安慰它说：“别担心，那个老家伙是和你开玩笑的，其实一点都不难，只要你每秒‘嘀嗒’一次就可以了。”

新钟表这才放下心来，并且按照乙的话去做，果然，一年又一年，它也完成了每年 3200 万次的“嘀嗒”声。

故事微语

对一个小学生来说，无法想象自己如何才能成为一名知识渊博的教授；对一个刚刚走出学校大门的学生来说，成为商贾名流、政界要人中的一员更是遥不可及。但是，教授也有过童年，大多数成功人士也是从普通人奋斗过来的。那么，成功、幸福人生的秘诀到底是什么呢？原因固然很多，但他们都有一个共同之处，就是活在当下。

人生就好比是一只时钟，心如钟摆。未经锻炼的心总是摆荡在过去与未来两点之间：为过去已发生的事而悔恨、懊恼，甚至是耿耿于怀；为将来未知的事而胡思乱想、忧心忡忡。

正是因为如此，普通人总是感到自己活得很累。而受过训练的心能专注当下这一秒钟，心无二用地做好手边正在做的事、善待正在与你打交道的人，脚踏实地、一步一步地向前走，成功、幸福的人生便在时钟每秒的“滴答”声中延伸。这就是活在当下之本意。

心灵箴言

不管是逐渐繁华还是即将枯萎，此时此刻才是我们结结实实的人生。

——汪涵

如果每一刻都能够活在当下，那么就不会有过去及未来，而现在就成为永恒。

——古龙

好花盛开，就该尽先摘，慎莫待美景难再，否则一瞬间，它就要凋零萎谢，落在尘埃。

——[英] 莎士比亚

全力以赴，让青春奔跑起来

故事话题

北京协和医院第一位中国籍妇产科主任及首届中国科学院唯一的女学部委员林巧稚出生于1901年，在那个年代，女子上学本身并不是主流，林巧稚非常珍惜这个得来不易的学习机会。

在学校里，林巧稚的学习成绩一直名列前茅，有很多男同学都比不过。有一次考试，全班同学都在紧张地复习，几个男同学走过来向林巧稚下了“战书”，并且语气中带着一丝嘲讽：“林巧稚，你说你一个女孩子，不在家里学习针线，跑到学校来捣什么乱？”

林巧稚非常生气，一下子就站了起来：“女生怎么了？女生照样能拿第一，不服咱们就比比看，这次考试我仍然要拿第一！”

为了这句话，林巧稚更加全力以赴，刻苦读书。果然这次考试她又拿了全班第一名，就连当初和她挑衅的男生都不得不佩服。后来，林巧稚依靠着全力以赴的精神，不断进取，成为我国一流的妇产科女专家。

故事解析

每个人都曾经有过自己心中的梦想，也为了实现自己的抱负，我们就必须要全力以赴、竭尽所能。因为只有这样，才能让梦想成为现实，才能让人生有意义。

无论面对怎样的情形，只要我们能够拿出全力以赴的精神，任何恐惧都变得微不足道。所以，无论是面对生活，还是面对梦想，只要拿出全力以赴的姿态，就能够更加接近成功，让我们变得无所畏惧。

故事穿越

数学家苏步青出生于一个普通的农民家庭，由于家境贫寒，他从小就只能在地里劳动，那个时候的他以为，自己这辈子注定要像父亲那样脸朝黄土背朝天地过一辈子。

恰好，村子里最有钱的那户人家请来了一个家庭教师教自己的孩子读书，苏步青就每天提早干完活跑到有钱人家的窗口听课。他的进步飞快，叔叔看到他在读书方面有如此的天赋，就说服了他的父亲，送他到百里之外的中学念书。

这个得来不易的读书机会苏步青非常珍惜，但是在刚刚上学的时候，他的成绩非常差，甚至是全班倒数第一。老师找到他，才知道原来苏步青根本就没有基础，只是靠站在窗外听课，成绩自然比不过基础好的同学，于是就鼓励他。

经过一个学期全力以赴的努力学习，苏步青的成绩大幅度提高。不仅如此，他还利用课余时间拓展自己的阅读范围。有一天，老师在课上讲《左传》的写法，就随便点了一篇《左传》里的文章，让苏步青背诵。同学们都觉得这是不可能的，可没想到他竟然一字不错地背诵下来。原来，每天苏步青都在全力以赴地读书，就是凭借着这种精神，让他最终成为了杰出的数学家。

故事微语

全力以赴，才能让我们更加接近成功。每个人就好比是一处看不到尽头的宝藏，有无穷的潜力，想要挖掘出这些潜力，就需要自己达到一种状态，而这种状态就是全力以赴。

全力以赴，能够激发出我们的潜力，创造出无限的可能。就好比人到了最危机的关头，力量就会比平时大很多一样。所以，以全力以赴的姿态去面对人生的种种挑战，就能够收获最终的成功。

纵观历史上的成功人士，在他们的奋斗道路上，全都是拼尽全力地付出和努力，才最终拥有了成功。尽管全力以赴并不等于一定能够成功，可却让我们更加靠近成功。所以，全力以赴地面对梦想吧，在这条路上没有捷径。

心灵箴言

奋斗是万物之父。

——陶行知

奋斗之心人皆有之。

——李叔同

有自信，然后全力以赴。

——[美] 威尔逊总统

奋斗以求改善生活，是可敬的行为。

——茅盾

形成习惯，有条不紊地进行下去

故事话题

毛主席自幼就喜欢读书，即便是在战争时期，他也仍然挤出时间，哪怕只有几分钟，也要用来读书，这已经成为了他的一种习惯。

在新中国成立之后，毛主席利用上了一切可以利用的时间，甚至在游泳前准备活动的几分钟里，他都要背诵一些刚刚阅读的句子，从而提高记忆力。就连平时上厕所的时候，他都习惯性地拿起书籍，一本重刻的宋代淳熙本《昭明文选》就是毛主席利用这点时间一点一滴阅读完的。

利用一切可以利用的时间读书这个习惯，毛主席保持了数十年，即便是在他外出开会、外出视察的时候，也常常随身携带着书籍。

有一次，毛主席突然发起了高热，都烧到了 39 度多，医生给他诊断完就建议说让主席静养。毛主席就问静养的时候能不能看看书。医生严肃地说："主席，您现在需要的是休息，看书也不差这点时间啊。"

主席就说："我一辈子爱读书，现在你们不让我看书，叫我躺在这里，整天就是吃饭、睡觉，你们知道我是多么难受啊！"

医生走了之后，身边的警卫员看见主席躺在床上特别难受，只好又把已经拿走的书放在他身边，主席这才高兴起来。

故事解析

在快节奏的生活中，我们每个人都在忙碌着，并且已经将这种忙碌当成了一种习惯，从而凑成了我们人生。

我们为了工作而忙碌，并不仅仅是要通过工作来赚取金钱，而是希望通过工作来实现自我价值。

我们为了生活而忙碌，并不仅仅是因为一日三餐、柴米油盐，而是希望通过忙碌来享受生活中的美好。

我们为了亲人而忙碌，并不仅仅是因为希望能够得到亲情的回报，而是希望通过忙碌来感受亲情的温暖。

忙碌，已经让我们的人生有了积极向上的态度，有了目标的忙碌，就是奋斗，即便是在最后我们的奋斗没有赢得最后的胜利，可是我们仍然能够骄傲地告诉世人：我们曾经为了自己的梦想奋斗了一生，而不是碌碌无为地过了一生。

故事穿越

军事家陈毅自幼就非常喜欢读书，而且在读书的时候，还培养出了一个好习惯。

有一天，陈毅的老师去他家里家访，正好看到他坐在灶台前一边烧火，一边看书。老师就走过去，站在陈毅的背后。陈毅因为太专心，并没有发现。老师看到陈毅的书本上用笔画了很多圈圈点点，就问："陈毅，这些符号是什么意思？"

陈毅回头一看，这才看到老师，就说："圈圈的，是我自己全看懂了的；半个圈圈的，是我看完之后半懂的，有墨点的就是一点都没看懂的，明天上课的时候要重点听。"

老师一听，这才明白，立刻夸奖他，这是一个很好的学习方法。陈毅一直保持着这个学习习惯，一直到学生生涯结束，也因为这个学习方法一直在班级里名列前茅。

故事微语

越是成功的人，工作越忙碌，这是铁一般的定律，即便是放在封建社会中，那些看似为所欲为的皇帝也同样如此。

任何一位古代的明君，都是依靠着勤于政绩来治理国家的，譬如明太祖朱元璋，他统治的时期里，没有一天休息，每日都是忙碌于批阅奏折、处理国事。也正是因为他的勤奋，大明王朝才有了一个好的开端。

在现如今的社会同样如此，没有人能够随随便便成功，每个人的成功都是通过了不懈的努力，付出了自己的汗水才得以实现的。

不要总是抱怨自己太过忙碌，有了忙碌，我们的人生才有了存在的意义；有了忙碌，我们的梦想才能够开出绚丽的花朵。

心灵箴言

习惯的力量是巨大的。

——[古罗马] 西塞罗

人喜欢习惯，因为造它的就是自己。

——[爱尔兰] 萧伯纳

习惯是一种顽强而巨大的力量，它可以主宰人生。

——[英] 培根

习惯不加以抑制，不久它就会变成你生活上的必需品了。

——[古罗马] 奥古斯丁

切勿懒惰，脚步不能停下来

故事话题

美国石油大亨哈默博士是一个非常勤奋的人，他的一生都在不断地前行着。

曾经有人总结过他的成功之道，除了天时地利一切外在条件之外，最重要的一条就是勤奋。在他的人生当中，即便是到了晚年之后，他仍然坚持每天工作 13 个小时以上，一年到头没有一天休假。

在工作繁忙的时候，中午的时候他还在美国自己的办公室里，到了晚上就飞到巴黎去和客户进行洽谈，第二天早上又飞到了科威特解决问题。这样的繁忙让他积累了大量的财富，有媒体曾经询问他："哈默先生，现在您已经如此成功，是什么原因让您继续坚持下去呢，是财富吗？"

哈默解释道："我认为只有勤奋才能证明我的人生价值，只有懒惰者才需要各种理由不去工作，而我恰恰不是一名懒惰者。"

故事解析

每个人的成功秘诀都不尽相同，但是他们却有着同样的一份特性——不懒惰。

懒惰，是每个人走向成功的天敌。学生懒惰了，自然就无法好好学习；成年人懒惰了，自然也就失去了晋升的机会；商人懒惰了，往往就会错失良机；文人懒惰了，灵感也就随之枯竭……

无论你从事哪一份工作，都不能懒惰，因为只有勤奋，才能让我们收获成功。

故事穿越

有两只青蛙，一黄一绿，它们都生活在一个池塘边。绿色青蛙非常勤劳，每天都到稻田里面觅食害虫，可是黄色青蛙却非常懒惰，它不愿意去觅食，觉得那样做太辛苦，不如躲在草丛中闭目养神来得惬意。

有一天，黄青蛙正在草丛中睡大觉，绿青蛙跳过来叫醒它，说："老弟，你这样整天晃荡也不是个事啊，我听说最近这里会修建公路，不如你跟我一起去田里吧，每天都能吃到美味大餐，而且也没有任何危险。"

黄青蛙却不耐烦地说："我现在已经习惯这样的日子了，干吗要费神搬到田里？修公路能够有什么危险的，我这样照样能找到吃的。"

绿青蛙只好独自离去。一段时间之后，它再次回到公路旁，却发现黄青蛙已经被车子轧死了，它因为懒惰而丢掉了性命。

故事微语

勤勉，并不仅仅是一种品行，同时也能够成为生活和工作之中的习惯。当我们在日常生活之中能够以勤勉的态度处之，我们自然能够成为生活的主人；当我们在事业工作之中以勤勉的方式去处理问题，那么，我们自然能够收获事业上丰收的果实。

黄青蛙和绿青蛙之间的差距，最关键的就是勤奋和懒惰，这个道理放在人身上同样合适。在一个班级里，有学习成绩非常好的学生，也有学习成绩非常差的学生，除了学习方法是否正确这个原因之外，最主要的就是勤奋和懒惰的差别。所以，想要收获成功的人生，就不应该懒惰，更不能给自己懒惰找借口。

心灵箴言

什么是天才？我想，天才就是勤奋的结果。

——郭沫若

国家之前进在于人人勤奋、奋发、向上，正如国家之衰落由于人人懒惰、自私、堕落。

——[英] 斯马尔兹

在寻求真理的长河中，唯有学习，不断地学习，勤奋地学习，有创造性地学习，才能越重山跨峻岭。

——华罗庚

聪明的资质、内在的干劲、勤奋的工作态度和坚忍不拔的精神，这些都是科学研究成功所需要的其他条件。

——[澳大利亚] 贝弗里奇

第二篇

主动出击，调动主观能动性

主动是我们对待事物的态度，更是对待人生的态度。在我们一生之中，会遇到很多事情，有一些是我们向往已久的，比如机遇，比如挑战；也有一些是我们根本不愿意遇到的，比如挫折，比如失败。可无论是面对机遇，还是面对挫折，我们都应该拿出主动出击的态度，在人生的航线上迎风破浪。

勤于思考，培养创新思维

故事话题

2008 年第 29 届北京奥运会的吉祥物是福娃，在最初征集设计方案的时候，专门负责这项工作的设计师韩美林就觉得非常为难。中华民族有着悠久的历史，吉祥物也正是为了突出国家特色和民族骄傲，可是看着征集来的创意方案，他认为很多方案都非常有意义，实在无法定夺。

有一天，他和自己的小组正在讨论，突然间他的脑海里闪现出一个想法，就对小组成员说："既然我们都觉得单个形象并不能代表中国的奥运形象，那不如弄一个组合，分别代表其中的一个形象，大家认为这个思路如何？"

小组成员听完之后，有的是茅塞顿开，认为这是非常好的一个提议。可是也有的成员听完后，忧心忡忡，毕竟奥运会吉祥物一直都是一个，很少出现组合，怕世人不能接受。但是韩美林觉得，我们不要受限于过往，而是要打开思路。就这样，在韩美林的坚持下，北京奥运会的吉祥物设计完成，福娃的形象也得到了世界的认可。

故事解析

创新，是人类进步的动力。当我们拥有了创新精神，就有了前进的希望。正如同小鸟飞行需要翅膀，世界要进步需要创新，创新就是进步的翅膀。

创新思维并非是刻意为之，而是在生活之中点滴的积累。正如同爱因斯坦在年少的时候，对于身边的任何现象都喜欢问个“为什么”，甚至有时候别人都被他问烦了，可是爱因斯坦仍然不放弃这种提问和自己的思考方式。

正是有了创新，才让人类生活有了巨大的发展空间；正是有了创新，才推动了人类发展进程。

故事穿越

美国宣传奇才哈利自幼就是一个古灵精怪的小孩，他小小的脑袋里总是闪现出很多奇思怪想。在他15岁那一年，他利用假期在一家马戏团打工，专门负责在马戏团里叫卖零食，可是这家马戏团的观众本身就不多，所以零食的销量也非常不好。

哈利就跑到老板身边提议说："老板，不如我们换一种方式，没准能够吸引到更多的观众。"

老板问："什么方式？"

哈利说："不如我们采取买一赠一的方式，观众们买一张票，我们就赠送他们一小包花生。"

老板听完非常生气："你简直是异想天开，难道花生不要成本吗？"

哈利连忙保证说："老板，如果你担心赠送花生赔本，我可以先用我的薪水做担保，如果赔本了，你扣掉我的薪水便是了。但是，如果我这个方法成功了，你就要按照提成给我加薪。"

老板一听，就同意了哈利的想法。自此之后，马戏团演出场地的售票处就多了一个身影，哈利站在一旁卖力地叫卖着："来看马戏吧，买一张票就赠送一包好吃的花生！"很多观众就这样被吸引了注意力，每日的马戏表演也场场爆满，营业额比以前提高了好几倍。

故事微语

创新思维，不仅仅体现在科学领域之中，在现实生活中，同样能够运用创新思维。就比如哈利这次非常成功的营销，不仅仅给马戏团带来了丰厚的收益，同时也提高了自己的薪酬。

任何一个发明、任何一种学术上的理论，都是“创新思维”的成果，创新思维最关键的就是跳出已经约定俗成的思维模式。这就能让我们跳脱出常规思维模式的禁锢。并且，这种思维模式只存在我们的脑海之内，和现实中的任何因素都没有直接关系。所以，在遇到问题的时候“心存问号”，或许就能够寻找到更好的解决方法。

心灵箴言

距离已经消失，要么创新，要么死亡。

——[美] 托马斯·彼得斯

致富的秘诀，在于“大胆创新、眼光独到”八个大字。

——陈玉书

同是不满于现状，但打破现状的手段却不同：一是革新，一是复古。

——鲁迅

想出新办法的人在他的办法没有成功以前，人家总说他是异想天开。

——[美] 马克·吐温

人类的创新之举是极其困难的，因此便把已有的形式视为神圣的遗产。

——[德] 蒙森

异想天开给生活增加了一分不平凡的色彩，这是每一个青年和善感的人所必需的。

——[苏联] 巴乌斯托夫斯基

多想一步，思想有多远就能走多远

故事话题

马其顿国王亚历山大在15岁那一年，获得了父亲赠送的一匹烈马，这匹马非常漂亮，但是脾气也很倔犟，很多优秀的骑士做了种种努力都没能驯服它。亚历山大仔细地观看了骑士驯服烈马的过程，信誓旦旦地走到父亲面前说道：“只要您允许，我就能够驯服它！”

父亲非常担心，但一想到儿子竟然如此勇敢，也就同意了。只见亚历山大信步走到烈马的面前，慢慢拉过缰绳，然后用手轻轻地抚摸着它的身体。就在这个时候，他猛然将拉着缰绳将马匹调转了一个方向，让它冲着太阳。烈马显现出非常慌乱的样子，而亚历山大也就借此机会跨上了烈马。烈马受到惊吓，先是抬起前蹄，然后又飞起后腿，在原地不停地打转。可是亚历山大却面不改色，稳如泰山，最终驯服了这匹烈马。

很多骑士都赞扬亚历山大的勇敢，他的父亲却非常好奇，究竟是什么原因让他如此胸有成竹呢？原来亚历山大在观察其他骑士驯马的时候就发现，这匹马虽然性子烈，但是每次爆发的时候都是因为它看到了地上的影子，所以就知道了驯服这匹马的关键就在于让它看不到影子，只要将它调转方向就能做到这一点。

故事解析

多想一步，往往是指在普通的思考之后再多考虑一些。在下棋对弈的时候，往往能够听到这样一句话：落子之前，心中应有三步以上的招数。而反映在现实生活中，就应该是在处理事情之前，内心也应该有应对办法。

多想一步，是让我们更周全地看待事物，就好比亚历山大那样。众多骑士没能够驯服烈马，都是因为他们并没有进行周全的思考，可是亚历山大却做到了，也正是因为如此，他才能够驯服烈马。

在现实生活中，我们无论遇到什么事情，都不要轻易地妄下结论，而是应该站在一个全局的角度，全面思考，只有这样，才能找到一个最合适的解决办法。

故事穿越

曾经有一家非常有实力的集团要招聘专业的策划，很多人都看中了这个机会前来应聘。很快，集团的人事管理就挑中了5名实力非凡的应聘者，并且将这份名单上报给了集团总裁。

总裁看了看资料，觉得5个人的实力不相上下，就决定先邀请他们共进午餐。午餐刚刚开始，总裁的电话就响了，他匆匆忙忙地站起来，对这5名应聘者说："不好意思，我要暂时离开一会儿，但请你们不要离开，我很快就会回来的。"

5名应聘者就坐在位子上等待。突然，餐厅的服务员跑过来说："总裁刚出门不久就撞车了，你们都去帮帮忙吧。"听到服务员这样说，其中4名应聘者纷纷跑了出去，只剩下1名年轻的小伙子留在这里，动也不动。果然，最终只有这名小伙子被聘用了。

事后，总裁询问过小伙子："你为什么不像其他人那样跑出去呢？"

小伙子笑着回答说："您离开之后超过了10分钟，服务员才跑过来说您出了车祸，那也就是说，您已经远离了服务员的视线范围，她是怎么知道您出了车祸呢？我不过是多想了一步，就想到这不过是您对我们的考核。"

故事微语

人在遇到突发状况的时候，往往会采取下意识举动，也就是一种本能的刺激反应，其他几位面试的人在听到总裁出车祸了这个消息之后，几乎都慌了阵脚，根本无暇去思考这个消息的真实性，可是这名成功的小伙子却注意到了这个纰漏，他真正的成功就来源于他比别人多想了一步。

人这一生总会遇到各种各样的突发情况，甚至有些事情是无法避免的，那这个时候，我们应该如何处理呢？最关键的就是要多想一步。

多想一步，就能够多考虑一些；多想一步，就能够更加理性；多想一步，就能够更加客观。只有做到了这些，才不会影响自己的判断，才能够更好地解决问题。

心灵箴言

天下无难事，只怕有心人。

——袁枚

天行健，君子以自强不息。

——《周易》

取得成就时坚持不懈，要比遭到失败时顽强不屈更重要。

——[法] 拉罗什夫科

忍耐和坚持虽是痛苦的事情，但却能渐渐地为你带来好处。

——[古罗马] 奥维

知难而上，学会正视困难

故事话题

战国末期楚国的政治家、文学家屈原自幼就非常喜欢作诗，他非常想要成为一名诗人，可是由于他出生于楚国贵族家庭，他的长辈们都非常反对，认为他这样做有损贵族的声誉。

为了学习创作诗歌，他只好躲在外面偷偷学习。在一次无意中，他发现了一个山洞，这里非常僻静，鲜有人来，他就将《诗经》等书籍都藏到这个山洞里。无论刮风下雨，他每天都抽出时间跑到这个山洞里来读书。

这样度过了整整3年的时间，他熟读了《诗经》中的所有作品，并且领悟到了诗歌的精髓所在，最终凭借着自己的努力成为了中国古代浪漫主义诗歌的奠基者，在楚国民歌的基础上创造了新的诗歌体裁——楚辞。

故事解析

在我们的人生中，挫折和失败都会占据一定比例而存在，没有人能够真正一帆风顺地成长。面对挫折和失败，每个人都有不同的反应：

有的人能够在失败中积累经验、教训，或许他并不能真的战胜它，可是却能根据这次经历在今后的人生之中避免犯下同样的错误；有的人能够在失败面前越挫越勇，并且成功地战胜失败，达到一个全新的高度；还有一些人，很长时间都走不出失败的阴影。

其实，失败不仅仅是我们每个人的必经之路，同时也是我们的“良师益友”。

在失败的时候，我们往往更容易认清自己，让自己冷静下来，仔细分析，并且通过这种分析来重新权衡自己的能力。

失败其实并不是一件可怕的事情，回想一下，我们每个人都是在不断失败的过程中成长起来，就好比婴儿时期学习走路一样，经过无数次摔跤才能够完全学会自己走路。所以，不要惧怕失败，而是要学会如何在失败中寻找成功。

故事穿越

外国媒体曾经评论著名的数学家华罗庚：“他的研究著作范围广泛，足以让他成为世界名列前茅的数学家之一。”外界对华罗庚有着如此高的评价，可华罗庚本人却只有初中学历，甚至连大学都没有念过，他的成功完全依赖于他的刻苦和顽强。

华罗庚自幼就非常喜欢数学，并且在很小的时候就展现出非凡的数学天分。可是在他念完初中之后，却因为家境贫寒的原因辍学了。为了照顾家里，他只好回到乡下的杂货店工作，努力维持着家里的生计。

可是他仍然不愿意放弃学习，虽然不能去学校了，但是他自己找曾经的数学老师借来基本数学书籍，一边做着生意，一边学习数学。而到了晚上，他就关上店铺，专心研究数学，遇到不懂的问题，就自己想办法解决。

没想到祸不单行，半年之后，华罗庚患了重病，在床上休养半年好不容易才治愈，可是却也落下了左脚残疾的病根。这场病花光了家里所有积蓄，让本来就贫寒的家庭更加雪上加霜。好在华罗庚曾经的数学老师熊庆来不愿意埋没华罗庚的才华，将他推荐到了清华大学数学系做一名管理员。通过自己的自学，华罗庚不仅成为了数学家，并且自修了英语、德语。

故事微语

战胜失败的过程，其实也是战胜自己的过程，就如同华罗庚一样。

对于平凡的我们而言，失败，或许是一次考试的失利、或许是一次没有成功的面试、或许是一次不太理想的创业。可同样的，我们必须学会如何去面对失败，这里所说的面对，更多的就是指自己的内心。

面对失败，不仅仅是需要一份勇气，同样也需要一份自信。我们能够从失败中学到什么，取决于我们如何看待这场失败，可是如何能够战胜失败，则是需要勇气和信心共同完成。

当我们能够面对自己多次的失败，当我们在面对失败之后不只是沮丧和懊悔，更多的是理智地分析、冷静的思考，这些都将成为我们人生的财富，更是一种面对生活的习惯性思维。而此时，等待我们的，就不会是失败了。

心灵箴言

被克服的困难就是胜利的契机。

——[古罗马] 贺拉斯

只要脊梁不弯，就没有扛不起的山。

——洪战辉

必须体验过痛苦，才体会到生的快乐。

——[法] 大仲马

大自然把人们困在黑暗之中，迫使人们永远向往光明。

——[德] 歌德

每人心中都应有两盏灯光，一盏是希望的灯光，一盏是勇气的灯光。有了这两盏灯光,我们就不怕海上的黑暗和风涛的险恶了。

——[法] 罗兰

寻找机遇，放手一搏

故事话题

1984年，百事公司迎头赶上，它的崛起直接威胁到了可口可乐公司的地位。为了扭转这种不利的局面，可口可乐公司将重任交给了塞吉诺·扎曼，希望他能够想尽办法扭转局势。然而，塞吉诺·扎曼却犯了一个致命的错误，他在考虑创新的时候根本就没有考虑到顾客的口味，贸然推出了新可口可乐，一下子打破了顾客们的口味喜好。这种新可口可乐被评为“继美国著名的艾德塞汽车失利以来最具灾难性的新产品”。一瞬间，塞吉诺·扎曼的事业也跌倒了谷底，他被迫引咎辞职。

经过了这次失败，塞吉诺·扎曼非常沮丧，甚至打破了他一直以来的自信。在长达14个月的时间里，他几乎没有和任何人交谈过，只是一个人独来独往。

有一天，一个朋友找到他，并且诚意邀请他合伙开一家咨询公司。塞吉诺·扎曼非常惊讶，他没想到到了这个时候仍然还有人愿意相信他，他考虑再三，决定不再浪费生命。公司在刚刚起步的时候非常艰难，塞吉诺·扎曼一个人做着几个人的工作，终于他的付出赢得了回报，不仅有微软这样的大公司跑来向他寻求战略咨询，就连他曾经失败过的地方——可口可乐公司也成为他的新客户。

后来，可口可乐公司总裁罗伯特也承认：“我们因为不能容忍错误而丧失了竞争力，其实，一个人只要运动就难免有摔跟头的时候。”

故事解析

对于每个人来说，机遇是一生之中非常重要的转折点。然而，机遇并非是等来的，而是需要我们自己用积极的态度去面对。

在我们的人生中，同样需要机遇来改变自己的人生，但是我们不能等待机遇的到来，而是要努力去创造机遇。用积极的心态去面对人生、面对挑战，才能为我们的人生谱写出奇迹。

有很多时候，面对机遇，我们总是担心自己是否能够胜任，又或者是担心别人如何看待自己。其实这些都是自己潜意识里对自己没有自信而造成的，在内心中树立起一个宏大的目标，让自己时刻都充满了希望和自信，机遇就不会从我们身边擦身而过。

故事穿越

美国企业家洛克菲勒在最开始的时候学历不高，也没有什么技术，就和很多现在刚刚踏入社会的年轻人一样，可是他却非常善于发现机遇并且成功地抓住机遇。

在他刚刚进入石油公司上班的时候，因为没有任何经验，他被分配的工作就是巡视并且确认石油罐有没有自动焊接好，这是石油公司最简单的工作岗位，也是最不受重视的岗位。

但是洛克菲勒并没有因此小看自己的工作，他每天都非常认真地盯着焊接剂自动滴下，沿着石油罐盖转一圈，看自动输送带再把石油罐移走。这个工作非常枯燥，但是却不能马虎，洛克菲勒就想，能不能节约一些程序，但是能够达到同样的效果呢？

于是他就仔细观察，发现焊好一个石油罐，需要滴 39 滴焊接剂，但是通过公式计算，只要滴 38 滴就完全可以达到这个效果。虽然只是节约 1 滴，可是洛克菲勒觉得这是自己人生中的一次机遇，于是他下定决心要努力改变这个现象。

最终，他研制出了“38 滴型”的焊接机，并且说服了自己所在的石油公司成为首批客户，尽管每次只会节省 1 滴焊接剂，可是在一年的时间，这种焊接机为公司节省了 500 万美金的开支。而洛克菲勒也成功地抓住了这次机遇改变了自己的人生轨迹。

故事微语

在生活中，我们常常遇到这样的人，他们总是在抱怨上苍，没有让他遇到赏识自己的伯乐，又或者他们总会抱怨周围的环境没能让他们成功。

可实际上，他们每天所做的就是在等待着机遇的到来，却不想着如何去创造机遇，让自己收获成功，所以注定了，他们就是生活中的失败者。

我们的人生都是有限的，最经不起的就是等待。所以，不要蹉跎岁月，努力去创造能够改变自己的机遇，成就一片光明的未来。

心灵箴言

机不可失，时不再来。

——张九龄

审度时宜，虑定而动，天下无不可为之事。

——张居正

卓越的才能，如果没有机会，就将失去价值。

——[法] 拿破仑

古谚说得好，机会老人先给你送上它的头发，当你没有抓住再后悔时，却只能摸到它的秃头了。

——[英] 培根

快跑的未必能赢，力战的未必得胜，智慧的未必得粮食，明哲的未必得资财，灵巧的未必得喜悦。所临到众人的，是在乎当时的机会。

——[法] 雨果

创造条件，让目标离自己更近一步

故事话题

“铁人”王进喜率领着1205钻井队到达萨尔图车站，准备开始新一轮的工作。按照以往的习惯，他刚刚下了火车，就先询问钻机到了没有，井位在哪里，钻井记录是多少等问题。

可是在开始钻井之前，他们遇到了一个大问题，因为有很多钻井的工具都是铁皮火车拉来的，可是这里的条件有限，只有几台吊车和拖拉机，根本就没有办法将60吨重的钻机从火车上搬下来再运到井场。

王进喜非常着急，可是工程的进度不能拖，他只好来到队员们面前，鼓励他们说：“尽管现在我们没有吊车，但是咱们有‘宝贝’照样能够干活！”

队员们听了之后，非常奇怪，就问：“什么‘宝贝’?”

王进喜拍拍胸膛，坚定地说道：“我们本身就是宝贝，所以我们要开动脑筋，创造条件，努力完成任务！”

队员们也都被王进喜这种精神所感染，纷纷表示：“天大的困难，我们都要去克服，没有条件就去创造条件！”

王进喜第一个来到火车前，抄起一根撬杠，就跳上了槽子车，开始凭借着人力搬运。经过几天的努力，大部分的钻机部件全部就位，确保了任务的进度。

故事解析

王进喜作为劳动人民的优秀代表，他的成功并不仅仅是依靠自己的双手，更重要的是凭借着一股精神，无论前方遇到怎样的挫折和困难，必须想办法解决困难，即便是没有条件也要创造条件去完成任务。在现实生活中，拥有了这样的精神，还有什么困难是无法克服的呢?

人生其实就是一场爬山运动，我们的目光决定着很多事情。当我们能够自动将目光放在远方，我们以前认知的那些在生活之中被称之为“烦恼”的事物自然就不能称之为烦恼，那些让我们常常絮絮叨叨的抱怨也不再是抱怨，生活中的很多事情都变得微不足道。

所以，登高远眺，并不仅仅是促使我们成功的关键要素，更重要的，它是人生中的一份正能量，让我们筛选出生活中的负面情绪。

故事穿越

1965年，有一位韩国留学生到剑桥大学学习，他不仅仅满足于书本知识，常常会利用业余时间找一些成功人士聊天。这些成功人士大部分都是学校里的教授。时间长了，他就发现，他被那些国内的成功企业家们欺骗了。因为在此之前，他常常会听到很多成功的企业家夸大自己创业时候遇到的困难，换言之，就是这些已经成功的商人用自己的成功经历让那些还未创业的人知难而退。

留学生觉得这是一个非常奇怪的现象，就用心研究，并且撰写了一篇名为《成功并不像你想象的那么难》，并且引起了巨大的轰动。这篇文章鼓舞了很多年轻人，鼓励他们要努力创造自己的机遇，即便是遇到了困难也不要退缩，因为困难远远没有你想的可怕。后来，这名年轻人成为韩国泛亚汽车公司的总裁。

故事微语

生活中总会遇到各种各样的困难，在我们工作的时候，也会遇到各种各样的难题。这就好比是在成功道路上设置的阻碍，想要抵达成功的彼岸，就必须要战胜这些困难。

有很多人常常会给自己解决问题寻找借口：没有条件，又或者是不能满足这个条件等等，可实际上，条件是自己创造的。所以，不要给自己找借口，只有这样才能收获人生的成功。

心灵箴言

苦难对于天才是一块垫脚石。

——[法] 巴尔扎克

困苦能孕育灵魂和精神的力量。

——[法] 雨果

最困难的时候，也就是离成功不远的时候。

——[法] 拿破仑

人生在世不会总是一帆风顺和美妙动人的。

——[苏联] 苏霍姆林斯基

患难可以试验一个人的品格，非常的境遇方可以显出非常的气节。

——[英] 莎士比亚

人在身处逆境时，适应环境的能力实在惊人。人可以忍受不幸，也可以战胜不幸，因为人有着惊人的潜力，只要立志发挥它，就一定能渡过难关。

——[美] 卡耐基

第三篇

认真细致，点滴中体现能力

成功者和平庸者之间的差距究竟在哪里？这个问题很多人都思考过，其实能够决定成功与否的，最关键的因素往往不是能力的大小，更不是智商的高低，而是取决于细节的考量。一个人如果能够做到认真、细致、严谨、刻苦，那无论时间长短，他一定能够收获属于自己的成功。

考虑周全，多角度去思考

故事话题

“骠骑将军”霍去病的弟弟霍光同样也是汉朝非常著名的大臣，为人忠厚可靠，端正严谨，办事又一贯小心谨慎，深得汉武帝的信任。在汉武帝弥留之际，更是将自己年仅 8 岁的太子托付给他，让他全力辅佐。

汉昭帝尽管年纪非常小，但却是一个考虑事情非常周全的小孩。有一次，霍光出长安城去检阅御林军，上官桀立刻就写了封奏折给汉昭帝，意思是说燕王刘旦担心霍光有谋反之心，想要趁着皇帝年幼，就架空他的皇权。汉昭帝看完奏折，并没有太明显的举动就退朝了。

霍光回到长安城之后立刻听说了此事，他心里很担心皇帝不再信任自己，而是听信谗言。第二天早朝时候，霍光没有像以往那样站在最明显的位置，而是躲在偏殿思考如何能够向小皇帝证明自己的清白。

汉昭帝坐在龙椅上，看不到霍光，就询问大将军何在。上官桀立刻走上前污蔑说：“怕是担心皇上您会责罚他，吓得不敢来了吧。”

汉昭帝命令霍光站出来，说道：“大将军一生为国为民，朕知道那封奏折所言是假的，我从来都没有怀疑过你。”

霍光听闻，喜极而泣，连忙问道：“陛下是如何知道的？”

汉昭帝说：“你出城阅兵，只是最近几天的决定，远在北方的燕王是如何知道的？就算是知道了，他快马加鞭送信而来也是到不了的。虽然我只有 14 岁，但是这点阴谋还欺骗不了我！”

故事解析

人，往往有很多面，事情同样如此。我们在做事的时候，常常会因为考虑不周而最终失败，所以，在思考问题的时候，不要总是从单一的角度出发，而是要进行全方位的考量。

汉昭帝正是因为多方面考虑，才能够如此信任霍光，才能坐稳这个江山社稷。而在现实生活中，我们的考虑周全往往是应对在生活和工作之中。

考虑周全，是要将所有的因素都计算在内，同时也要考虑到事态的发展和可能得到的结果；考虑周全，更是把控全局的体现。正所谓，横看成岭侧成峰，只缘身在此山中。想要收获成功，就必须跳出这个思维限制，才能看到全局。

故事穿越

曾经有两个企业都想要在郊区投资房地产，于是都派了工作人员到郊区调查情况。

企业 A 的员工刚一到郊区，就看到这里非常荒凉，人烟稀少。他回到公司立刻对总经理说："我认为那个郊区根本就没有商机，人烟稀少，环境荒凉，又有谁愿意去那里买房子居住呢？我看我们如果要投资那里，一定会亏本的！"

企业 B 的员工到了郊区，看到的是同样的景象，可是他却比企业 A 的员工考虑的事情要多。

首先，他先了解了下这个郊区的交通情况，虽然这里是郊区，但是交通却非常方便，有很多直达的长途汽车，而且这个城市的轻轨修建计划也马上要发展到这里，在未来 3~5 年的时间内，这里一定会有较大发展。

其次，他又找到居住在这个郊区的人了解了一下这里的情况，得知这里有自己的特产，如果能够合理开发，将来一定能够吸引更多的人来这里。

于是他回到公司之后，就将自己的想法写了一份策划书给总经理，他认为这里非常适合房地产开发，城市人厌倦了喧嚣的生活，想要找一个宁静的地方居住，这里是再合适不过的选择。

果然，在企业 B 投资了这项房地产之后的几年时间里，这里不仅仅成为一个条件成熟的社区，更是吸引了很多游客来这里享受农家乐带来的乐趣。

故事微语

每个人都有自己的思维模式，也就是说，当我们看到相同的，或者是相似的事物的时候，往往会根据自己的经验从而下定论。但实际上，这个定论是否真的成立，却并不是一定的。就好比企业A和企业B所派去的工作人员，他们看到的事情是相同的，可是因为思维定势的关系，他们得出的结论却是南辕北辙。

当我们看到一件事物的时候，内心就会先给它下一个定义，可与此同时，也就是限制住了自己的思维模式。所以在遇到问题的时候，不要急于固化它，而是要从全局出发，才能够考虑周全。

心灵箴言

我思故我在。

——[法] 笛卡尔

学而不思则惘。

——孔子

思维是灵魂的自我谈话。

——[古希腊] 柏拉图

思考是人类最大的乐趣。

——[德] 布莱希特

真知灼见，首先来自多思善疑。

——[美] 罗克韦尔

思考可以构成一座桥，让我们通向新知识。

——[德] 普朗克

谨慎态度，让自己更加沉着

故事话题

德国著名的作曲家贝多芬将自己的全部精力都用在了音乐创作上。在贝多芬过世之后，同样是著名的作曲家的门德尔松曾经向世人展示了一份贝多芬的创作手稿。在这份手稿上，人们赫然发现其中一个小节竟然改了又改，贴上了 12 层小纸片。

人们都很好奇这 12 张小纸片究竟修改了什么音符呢？门德尔松就一层层地揭开，原来在最初构想时填写的音符就是最后成熟作品的那个音符，可就是这一个细节，贝多芬竟然先后修改了 12 次，才最终成型。

故事解析

谨慎，不仅仅体现在人生态度上，同时也体现在我们的工作态度上。或许每个人都有过这样的经历：在我们上学的时候，总会因为马虎而做错题目，可是有很多学生并不把这种马虎放在心上。如果我们能够在心中树立“谨慎”二字，无论是在学习，还是在事业之中，自然能够少走很多弯路。

贝多芬之所以能够创作如此之多的音乐，不仅是因为他出众的音乐才华，同时还有他严谨的音乐态度。能够在自己的音乐手稿上先后修改过 12 次，就为了寻找到一个最合适的音符，这样的态度，让他收获更多的成功。

据说著名的诗人王安石在撰写《泊船瓜洲》中的佳句“春风又绿江南岸”中的“绿”字时，前后反复修改了很多遍。

谨慎的态度，可以成为我们事业上最大的动力，更能让我们在事业上更上一层楼。

故事穿越

导演李安在2012年推出了自己的最新作品《少年派的奇幻漂流》，这部在上映之前甚至都没有经过宣传的影片却收获了超高的票房和几乎零差评的反馈。

电影上映之后赢得了多方的好评，美国《综艺》杂志称赞它“融合了海上冒险和梦幻冥想”，甚至有媒体评论说：“如果说《阿凡达》创造性地使用了3D技术，那么《少年派的奇幻漂流》则为3D与故事的结合提供了完美的典范。”

但是却很少有人知道，为了拍摄这部电影，李安导演从开始筹备到拍摄完成，整整用了4年的时间。这和很多知名导演不同，就连李安导演自己也说，即使是拍摄烂片，也会有人给他投资，可是这样对不起的人是观众，所以拍摄电影还是要持严谨的态度。

也正是这样的态度，让李安导演的电影成为经典之作的代名词，从《饮食男女》到《卧虎藏龙》，再到《少年派的奇幻漂流》，他一直是用严谨的态度表达自己的电影梦想，自然也就赢得了这样的佳绩。

故事微语

谨慎，从小了说，是人对某一个事情的态度，往大了说，就是对人生的态度。

每个人的人生都并非是一帆风顺的，都会遇到一定的危机。这种危机或许带给我们的是一次艰难的成长，或许是一次轻微的人身伤害，或许是一次付出代价的失败。

有人常常会问，如何能够避免这样的危机呢？答案只有一个，就是谨慎的态度。

谨慎地面对人生，并非是胆小怕事，也不是毫无原则的妥协，而是通过自己的智慧和思考，让自己巧妙地躲过这些危机。在行事之前，周全的考虑、仔细的观察，都是谨慎态度的方式方法。

谨慎的人生态度，就好比是我们人生的盾牌，让我们能够在人生道路上避开陷阱、避免危机。

心灵箴言

虚己者进德之基。

——方孝孺

不满足是向上的车轮。

——鲁迅

放荡功不遂，满盈身必灾。

——张咏

劳谦虚己，则附之者众；骄慢倨傲，则去之者多。

——葛洪

恃国家之大，矜民人之众，欲见威于敌者，谓之骄兵。

——魏相

九牛一毫莫自夸，骄傲自满必翻车。历览古今多少事，成由谦逊败由奢。

——陈毅

深入细微，不可小觑的关键

故事话题

印度革命领袖甘地在很小的时候，是一个不修边幅的孩子。有一天，他在外面和其他小伙伴们玩耍，玩着玩着，身上的衣服自然就变得又脏又乱，恰好这个时候他的母亲购物回来，看到了这一切。

母亲将甘地叫到面前，非常严肃地说道：“甘地，你看看你现在的样子，哪里像是正经人家的小孩？”

甘地觉得在其他小朋友的面前被自己的母亲批评非常没面子，就顶撞母亲说：“妈妈，你未免太小题大做了，我在玩耍的时候不修边幅有什么大不了的呢？”

母亲摇了摇头，说道：“孩子，不注意这些细节的人，往往都是平日里粗心大意惯了，可这种习惯一旦养成了，想要改正可就难了。再说了，连自己衣衫都整理不好的人，将来又怎么能够胜任重要的工作，取得成功呢？”

听了母亲的话之后，甘地终于明白凡事从细节着手的重要性。自此之后，他对待细节之处格外重视，也正是因为这种精神，让他成为领导印度赢得独立解放的领袖人物。

故事解析

对于细节的注意和把控，是取得胜利的关键。古往今来，有过太多因为在细节方面考虑周详的人取得了人生的成功，同样也有人因为一次马虎、一次失误而付出了惨痛的代价。

当我们从小养成了“注重细节”这个好习惯，自然能够注意到旁人不曾注意到的旁枝末节，并且更容易以此来获得成功的机遇。

在工作之中，有很多我们并不太注重的细节性的东西，却往往成为影响我们是否成功的关键点。如果人生是一场比赛，那么这就是决定是否能够获胜的赛点。不要小看细节的重要，正所谓“一屋不扫，何以扫天下”。我们的生活、工作都是由于这些细小甚微的事情所构成，当我们能够注意到其中的奥秘，自然能够更加接近成功。

故事穿越

作为20世纪世界上4位最伟大的建筑师之一的密斯·凡·德罗，凭借着“流动空间新概念”在建筑学方面独领风骚。

对于他的成功，有很多媒体在采访他的时候都会问到这样一个问题，为什么他能够取得如此显著的成绩呢？密斯·凡·德罗总是会用5个字来回答：“魔鬼在细节。”

他反复强调自己在建筑设计方面的观点：“无论你的建筑设计方案如何恢宏大气，假如对细节的把握不到位，就不能称之为一件好作品。只有细节的准确、生动可以成就一件伟大的作品。细节的疏忽足以毁坏一个宏伟的规划。”

故事微语

有的时候，一个细节就能改变未知命运，因为一个细节产生的“蝴蝶效应”同样是我们无法预知的。

曾经有人说，小事成就大事，细节成就完美。其实在我们通往成功的道路上，注重细节，往往能够出奇制胜，成为成功的关键点。而注重细节，同时也能够让我们在人际关系上更能够立于不败之地。

通过对细节的观察，我们能够感受身边人的性格、内涵、智慧、修养、气质以及对人生的态度，从而更容易判断出，究竟能够从这个人身上学到什么，又或者是在哪些方面和这个人非常合拍。这种合拍不仅能够体现在友情之中，更容易在职场上取得成功。

很多成功人士往往除了对事态发展方面的判断之外，在用人方面同样非常出众，根本原因就是这些成功人士更容易能够通过一些细节来判断一个人是否值得信任、是否能够委以重任。

所以，将注重细节培养成我们的人生习惯，就能够从细节之中得到回报。毫不夸张地说，细节是一种创造、是一种动力、可以表现修养、可以深含艺术，更能够产生效益，带来成功。

心灵箴言

大礼不辞小让，细节决定成败。

——汪中求

祸患常积于忽微,智勇多困于所溺。

——欧阳修

勿以善小而不为,勿以恶小而为之。

——刘备

把每一件简单的事做好就是不简单；把每一件平凡的事做好就是不平凡。

——张瑞敏

在中国，想做大事的人很多，但愿意把小事做细的人很少；我们不缺少雄韬伟略的战略家，缺少的是精益求精的执行者；绝不缺少各类管理规章制度，缺少的是对规章条款不折不扣的执行。我们必须改变心浮气躁、浅尝辄止的毛病，提倡注重细节、把小事做细。

——卢瑞华

努力求证，谣言止于智者

故事话题

德国哥廷根大学里有一位数学方面很有天赋的学生，他的老师非常器重他，常常会给他一些课外的题目做。这一天，老师给学生布置了 3 道数学题，让他晚上回到宿舍的时候做一下。

前两道题目对于学生而言并不算太难，用了一点时间就做出来了，但是最后一道题却把他难住了。这时候已经到了深夜，按照以往的作息时间，这时候的他已经要休息了。可是没有做出这道数学题，他怎么也不甘心，于是就继续奋战。

时间一分一秒地过去，这道题仍然没有一点进展。但是他反而被激发了斗志，这个世界上没有解决不了的难题！于是他继续尝试用全新的方法去求证。终于，在第二天天亮的时候，他做出了这道数学题。

再见到导师的时候，学生有些内疚地说：“老师，对不起，您给我布置的 3 道数学题，我竟然做了一个通宵，耽误时间了。”

可是老师却比他更加激动，原来这最后一道数学题是困扰人类 2000 多年的数学谜题，就连数学家阿基米德都没有解答出来，可是这个年轻人竟然解决了，除了拥有超高的智商，还有努力求证的决心。这个人就是数学王子高斯。

故事解析

每个人都向往成功，因为成功是每个人的人生目标。不管你是干什么的都会想要成功，都会对成功来之不拒。因为成功一直是被人追求的，并且要成功就要为之付出不懈的努力。成功与否可以定位一个人的价值，可以看出这个人是否努力了。

每个人的出身不同，目标不会相同，境遇也会不同。但是通过努力都会取得成功，那不只是获得名誉上的成功，更多的是为自己的付出而得到的收获，你的付出与收获成正比，你才是真正的胜利者。

贝多芬的胜利，是因为他那不向命运低头的坚毅；爱迪生的成功，是因为他那不甘挫败的信心。他们是名人，但是不要忘了他们也是凡人，是和我们一样的普通人。所以不要认为那是伟人能够跨越的险境，而是我们难以跨越的困难。

故事穿越

我国当代著名的蜻蜓和寄生蜂分类学家赵修复从小在农村长大，那个时代的孩子也没有什么像样的玩具，所以最大的乐趣就是到田野里玩耍，赵修复最喜欢的就是各种昆虫。

有一天，他和玩伴们在田里玩耍的时候，突然发现了一个马蜂窝。其他玩伴非常害怕马蜂，因为在家里父母总是教育他们不要去捅马蜂窝。可是赵修复却想要看看捅了马蜂窝之后马蜂的反应，其他玩伴都觉得这样做太危险。

赵修复想了想说道："不如我们都回家拿一顶蚊帐来，这样我们就不怕它们了。”

小伙伴们也觉得这是一个好主意，都跑回家拿了蚊帐。他们先用蚊帐把自己保护好，然后用一根长长的木棍捅了两下马蜂窝。马蜂受到了惊吓，立刻飞了出来，围绕着蚊帐飞来飞去。因为有了蚊帐做保护，所以小伙伴们都没有被马蜂蜇到。

过了一会儿，马蜂觉得威胁已经不存在了，就成群结队地飞回了马蜂窝，并且有序地进行巢穴修复工作。赵修复看到这个场景之后，终于知道了马蜂在受到威胁之后的反应，解决了自己一直以来的疑惑。

赵修复年幼时，就是这样喜欢和昆虫打交道，长大后，他真的干上了研究昆虫的工作。

故事微语

大胆假设，努力求证，是很多科学家走向成功的写照。或许有人会觉得，努力求证这种事情离我们的生活很遥远，其实并非如此。

在工作的时候，对于上级的指令，并不仅仅要努力完成，同时也要心存疑虑，努力求证；在学习的时候，对于老师传授的知识，同样也要保持这样的态度。

心灵箴言

先相信自己，然后别人才会相信你。

——[法] 罗曼·罗兰

我们爱我们的民族，这是我们自信心的源泉。

——周恩来

要有自信，然后全力以赴——假如具有这种观念，任何事情十之八九都能成功。

——[美] 威尔逊

任何人都应该有自尊心、自信心、独立性，不然就是奴才。但自尊不是轻人，自信不是自傲。

—— 徐特立

时间管理，让执行更加畅通

故事话题

有一个教授，他为自己的学生设置了这样一节课，希望借此能够让学生明白学会管理实践的重要性。

他先在讲台上放了一个装有水的罐子，然后又往罐子里放了一些鹅卵石，这样一来，罐子看起来就非常满。于是他问学生："大家说，现在这个罐子真的满了吗？"

学生们异口同声地回答说："满了。"

老师笑了笑，又拿出一些小石子，并且将它们放入了罐子，罐子里的水并没有溢出来。于是他又问道："现在再看看，这个罐子满了吗？"

同学们想了想，都认为如果再往罐子里放东西，水一定会溢出来，于是都表示满了。

可是教授却拿出了细沙，并且将它倒入罐子，结果水还是没有溢出来。于是他抬起头问道："那么请你们再告诉我，现在这个罐子满了吗？"

同学们异口同声地回答说："没有满！"

听到学生这个回答，教授露出了满意的笑容。他对同学们说："你们知不知道这个罐子代表着什么？就代表着时间，有很多时候大家都觉得自己已经充分利用了时间，可实际上，还有很多余地，所以今天晚上你们要仔细考虑考虑这个问题。"

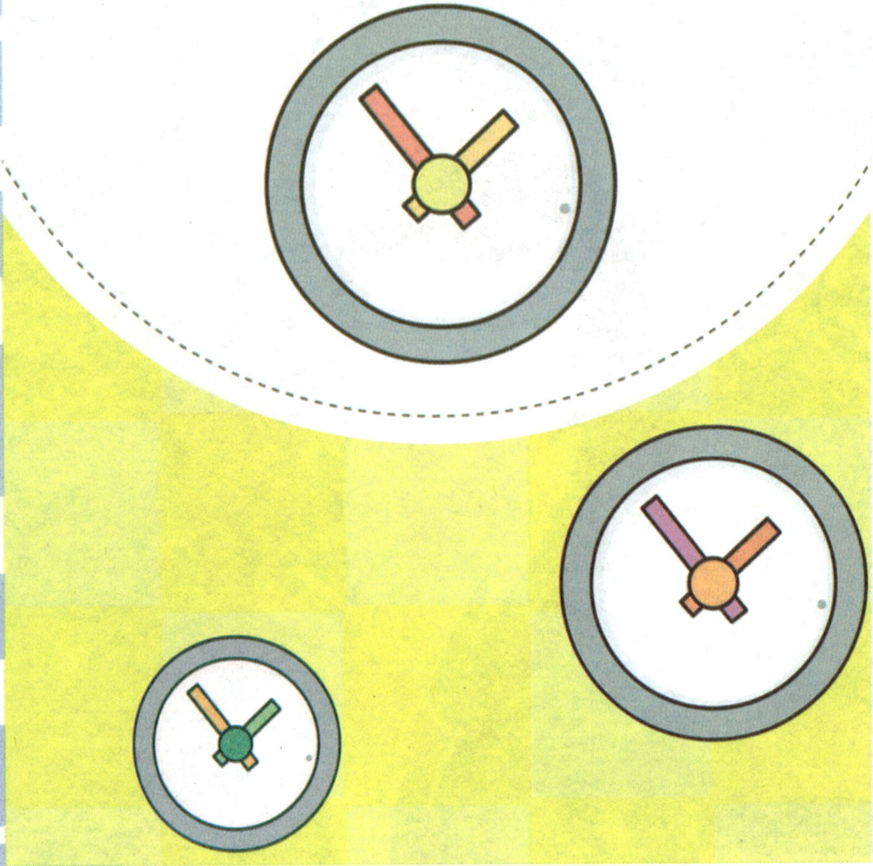

故事解析

时间，是这个世界上最公平的东西，无论是穷人还是富人，它都不会有任何偏颇。当你珍惜时间，时间自然就会回报给你成功和收获，当你浪费时间，自然也会受到时间带来的惩罚。

我们每个人的时间尽管并不完全相同，可是如果没有天灾人祸，或者严重疾病，基本上人生的长度相差得并不多，可是不同的人利用这些时间做出来的工作并不完全相同。是否珍惜时间就在这中间起了关键作用。

如果珍惜时间，就能利用时间做更多有意义的事情，那无疑就是延长了生命的长度。时间，是我们人生的刻度，在我们毫无察觉的时候，就已经成为生命的注脚。

故事穿越

越是成功者，越是重视时间管理，因为这已经成为他们必须掌握的一种技能。

美国《财富》杂志曾经有这样一篇报道，内容就是报道一个大型公司的高级主管是如何工作的。

惠普公司前任总裁格拉特就是管理时间的高手，他将自己的时间划分得非常清楚：35%的时间用在公司会议上，20%的时间用于和客户沟通，10%的时间用于电话沟通工作事宜，5%的时间用于翻阅公司文件，剩下的时间用于处理公司宣传、接受采访等等问题。也正是因为他有这样明确的时间分配，才能够确保自己能够将所有事情都处理得井井有条。

而美国东南航空公司的最高执行长官凯勒赫管理时间的方法更加简单，他每天都让助理将所有要处理的事情罗列在一张单子上，并且分为两类：一类是必须立刻处理的，另一类是最迟和可以延长到明天早上完成的。这样就能够简单有效地让他投入到工作当中去。

故事微语

珍惜时间，并不是让我们时时刻刻都关注着手表上不停转动的秒针，而是充分利用时间去做有意义的事情；并不是让我们一刻不停地工作，而是要提高工作效率，找到提高效率的方式、方法。

在我们的现实生活中，我们常常会遇到这样的情况，当我们忙忙碌碌的时候，常常感觉到时间不够用，工作做不完。哪怕是一刻不停，都好像无法完成。但换个角度去想，为什么其他人能够完成？如果是这样的话，不如从自己的工作方式中去寻找一些方法，只有从根本上改变，才能做到真正地珍惜时间。

“珍惜时间等于延长寿命，钟情于时间的人，时间对他也最钟爱。”这是伟大的教诲。

心灵箴言

完成工作的方法是爱惜每一分钟。

——[法] 达尔文

合理安排时间，就等于节约时间。

——[英] 培根

在今天和明天之间，有一段很长的时间；趁你还有精神的时候，学习迅速办事。

——[德] 歌德

我们若要生活，就该为自己建造一种充满感受、思索和行动的时钟，用它来代替这个枯燥、单调、以愁闷来扼杀心灵，带有责备意味和冷冷地滴答着的时间。

——[苏联] 高尔基

第四篇

脚踏实地，每一步都刻上自己的印记

人生就犹如一场长跑，会有开始时候的兴奋，也会经历身体和精神上的双重疲惫感，会得到成功的喜悦，也会有失败的挫折。可无论如何，我们都需要用尽全力去奋斗，去拼搏，因为只有这样，才能对得起这无悔的青春。

有始有终，将责任进行到底

故事话题

孔子有一名学生，叫子游，他自视甚高，因此看不起子夏的门人，认为子夏只会教导他们最低等的学问。

有好事之人立刻将子游的话传给了子夏，可是子夏听完之后却说了这样一句话："有始有卒者，其惟圣人乎。"意思就是君子教人道理就应该有先后次序，这就好比草木必须一一分类清楚，不能随心所欲乱教。只有圣人才能做到说了开头就能知道末尾。所以我们做事仍然要有始有终，不能造次。

故事解析

老人常常会这样说，做事情要有始有终，尽管有些时候这个结果并不是自己心心念念的期望，可是有了这个结果，就如同有了对自己的交代。

人生就如同是一个圆，从出生时候的呱呱落地，到过世时候的内心平静，有过青春年少时候的快乐，有过亲情温暖的感动，有过烦恼踌躇的犹豫，也有过失意时候的伤心，可最终人生仍然是一份圆满。

事情其实和人生相同，都是有起因、有经过和结果的，不能够因为任何挫折就半途而废，这也是人生的智慧。

故事穿越

晋代文武全才祖逖在小的时候是一个非常顽皮的孩子，尤其是在私塾中，常常是三天打渔两天晒网，根本就不用功读书。有一天，他的老师问他："你长大之后想要干什么？"他回答说："要报效国家！"可是老师摇了摇头说："你现在这样三心二意地做事情，将来拿什么报效国家呢？"祖逖听完之后，便下定决心要认真读书。

经过刻苦努力之后，祖逖成为一个知识丰富的学者。他曾经多次到都城洛阳，凡是接触过他的人都认为他有着辅佐帝王治理国家的才干。祖逖有一个至交好友叫刘琨，两个人都非常有才华，可是两个人的身体素质并不好，于是祖逖就提议说："别人总是认为半夜鸡叫不吉利，可是我觉得如果每天鸡叫了之后，我们就起床练剑，能让我们更好地报效国家。"刘琨也认为这是一个非常好的主意，便同意了。

后来，每天天不亮，只要公鸡打鸣，祖逖和刘琨就起床练剑，并且将这个习惯有始有终地坚持下来，几年之后，两个人都成为晋代的文武全才。祖逖被封为镇西将军，实现了自己儿时报效国家的愿望，而刘琨则是成为了都督，兼管并、冀、幽三州的军事，也充分发挥了他的文才武略。

故事微语

一件事情能够有始有终，需要的并不仅仅是一份勇气，更多的还是要具有持之以恒的毅力。做事有始有终，不仅仅是我们对待工作、对待学习的态度，更是对自己人生的态度。

在人际关系中，一个做事有始有终的人，更容易得到别人的注意和信任，因为有始有终本身就表明了一个人的态度和立场。

人生在世，除了有美丽的风景之外，还有一份责任和追求，不辜负时间、不辜负生命，力求有始有终，才能画上一个圆满的句号。

心灵箴言

不幸是一所最好的大学。

——[俄] 别林斯基

在人生的道路上，谁都会遇到困难和挫折，就看你能不能战胜它。战胜了，你就是英雄，就是生活的强者。

——张海迪

是故，君子所居而安者，易之序也。所乐而玩者，爻之辞也。是故，君子居则观其象，而玩其辞；动则观其变，而玩其占。是以自天佑之，吉无不利。

——《易经》

抵挡诱惑，用自己的实力去获得

故事话题

曾经有一位非常富有却脾气古怪的老绅士，有一天，他想找一个年轻的男孩来照顾他的生活起居。一方面，他觉得小男孩的精力比较旺盛，体力好；而另一方面，他又觉得小男孩好奇心会比较重，而且没有什么克制力，经不起诱惑。

这个小镇上的男孩子们听说了老绅士的想法之后，纷纷向他自荐，短短的一个星期，老绅士就收到了 20 封求职信。于是老绅士从中挑选了 3 位比较满意的候选人，让他们来家里面试。

前两个男孩刚刚进入别墅内，都没有发现老绅士的身影，他们带着强烈的好奇心参观起这座别墅，并且都在大厅的桌子上发现了一个罩子。这个罩子下面放的是什么呢？两个男孩都没有抵挡住内心的好奇，掀开了罩子，可是罩子下面放的并非是美食，而是非常轻柔的羽毛，所以在他们掀开罩子的同时，羽毛就飞了起来。老绅士表示非常失望。

最后一个男孩和前面两个男孩一样，走进别墅的时候并没有人，可是他独自坐在房间里，并没有因为好奇而离开座位。后来，他就成为这位老绅士的小管家。

故事解析

当我们还在青春年华的时候，我们都在做梦，幻想着梦想实现的那一天。可是当我们真正走入社会之中，尝试到了太多的压力，看到了太多的诱惑，梦想逐渐地只能停留在我们的脑海之中，有人说，这是成长的代价，但是这不过是自己放弃了梦想的一个借口。

梦想，是人生前行时候的一份信仰，是指引我们前行的指路灯。或许我们最终并不能真正实现自己的梦想，或许现实总是让我们感觉梦想太过遥远，可是这一切都不是放弃梦想的借口，让每一天都充实起来，让每一分每一秒都快乐起来，让我们通过一点一滴的小事去追逐梦想，那么我们就在通往梦想越来越近的道路上。

即便是在今后的旅途上遇到再大的阻碍，也都不要轻易放弃自己的梦想。哪怕我们行将就木，也没达成自己的梦想，我们依然可以骄傲地说不后悔，至少为了梦想，我们奋斗过，拼搏过，这样的人生才足够精彩，这样梦想才不会褪色，因为梦想就是不放弃梦想！

故事穿越

东汉时期有一名得到世人尊敬的清官叫作杨震，在他被调任东莱太守的时候发生了这样一个故事。

在他上任的路上路过昌邑，这个地方的县令王密就是杨震举荐的官员，所以在道义上也算是杨震的门生。当他听说杨震要路过此处，就决定好好“报答”一下生命中的贵人。于是他趁着晚上的时候悄悄地去拜访杨震，并且带了10斤黄金作为礼物。

但是杨震却非常坚决地拒绝了，他心里非常清楚，尽管王密嘴上说的是为了感谢老上级对自己的厚爱，但更重要的是，希望能够贿赂他以后多加关照。

王密觉得杨震此举非常不近人情，就说：“幕夜无知者。”意思就是说，这大半夜的，杨震即便是收下了黄金也没有人知道。

可是杨震立刻回答说：“天知、地知、你知、我知，怎说无知?”

王密听到这句话之后，非常羞愧，立刻拿着黄金狼狈而回。

故事微语

拒绝，是一个人最基本的态度的表达，是一个人最基本的一项权利。有很多人都曾经在心里有过这样的疑惑，明明知道这样做是不好的，但是却碍于情面，不忍拒绝，最终只得半推半就地同意了。

究竟是什么理由让他们无法拒绝别人呢？很多人都会回答是面子，大多数无法拒绝的都是来自朋友、亲人或者是同事，会认为如果拒绝了别人，就是不给别人面子，自己更加没面子。甚至有些人会在原则性问题上因为所谓的面子，而做了很多身不由己的事情。

但是，这种面子却并非是真正的尊严，更不能成为心灵上的养分。拒绝别人，是为了坚守自己内心中的信念，是为了坚持自己的底线，是为了让自己心里毫无愧疚地工作和生活。帮助能够帮助的人、拒绝应该拒绝的人，这才是真正的自尊自爱。

心灵箴言

静以修身，俭以养德。

——诸葛亮

历览前贤国与家，成由勤俭败由奢。

——李商隐

富贵不能淫，贫贱不能移，威武不能屈，此之谓大丈夫。

——《孟子·滕文公下》

认清自己，本我和自我的完美融合

故事话题

寺院里养了一头驴，它每天都在辛苦地拉磨，可时间长了，它就厌倦了这种辛苦而平淡的生活。有一天，僧人要带着驴下山去驮点东西回寺庙，在回来的路上，路人看到驴的时候全都虔诚地跪在两边，对它顶礼膜拜。

刚开始，驴非常疑惑，不明白路人为何会做出这样的行为。可路上所有的人都是这样的反应，让驴开始飘飘然起来，认为自己的身份十分高贵，否则路人对它不会是这样的态度。

等回到寺院，这头驴就拒绝再去拉磨。僧人觉得很无奈，这头驴不再干活，他们又不能杀生，只好将这头驴放下山。驴下山之后，就大摇大摆地走在马路当中，恰好碰到了迎亲队伍，为了赶走这头驴，迎亲队伍的人立刻上前轰赶它，并且用鞭子抽打它。

驴被打之后逃回了寺院，并且对僧人说：“人心险恶，我第一次下山的时候，人们对我顶礼膜拜，可是今天他们却对我如此狠毒！”

僧人叹息地说：“那天，人们跪拜的根本就不是你，而是你背上驮的佛像啊。”

故事解析

能够清醒地认识自己，其实并不是一件容易的事情。有心理学家在研究自我认知的时候，分析出 4 个“我”来，一个是真实的自己，一个是自己脑海中的我，一个是别人眼中的自己，一个是自己认为的他人眼中的自己。可是这 4 个“我”其实只有一个是最真实的自己，其余的 3 个“我”都带有一定的偏差，其中影响最大的，便是自己脑海中的我。

当我们无法看清自己往往都是有两种原因，一种就是妄自菲薄，过于低估了自己，这种错误认知常常让我们无法认清自己真正的实力，甚至会完全失掉自信；另一种就是自我满足，过于高估了自己，这种错误认知会让我们产生骄傲自满的心态。

认清自己，是让自己站在一个客观的角度，通过理性的分析得出的一个结果的过程，只有真正认清自己，才能正确估计形势，才能让我们立于不败之地。

故事穿越

从前有一个年轻人很喜欢画画，他最大的愿望就是想找一个能够传授他绘画技巧的老师，可是走南闯北都没有遇到自己满意的老师。失望之余，他找到了释圆和尚，希望能够请他开导自己。

释圆和尚听完之后，笑着说："你走了这么多地方，真的没有遇到一个合适的老师吗？"

年轻人说："我拜访过很多有名的画家，可是他们很多人都虚有其表，甚至有些人的绘画技巧还不如我呢。"

释圆和尚说："老衲也非常喜欢画，可是我不会画画，施主可否为我画一幅呢？"

年轻人立刻点头，得意地说："那您想要画什么？"

释圆和尚说："我喜欢品茗饮茶，尤其喜欢造型流畅的古朴茶具。施主可否为我画一个茶杯和一个茶壶？"

年轻人立刻挥毫泼墨，画了一个倾斜的水壶和一个造型典雅的茶杯。并且在水壶的壶嘴处还勾勒了一点茶水，增加了些许的动态美。他问："不知这幅画作您满意吗？"

释圆和尚看了看说："画作很好，可是你把茶壶和茶杯放错位置了，应该是茶杯在上，茶壶在下。"

年轻人立刻反驳说："大师，哪有这样放的呢？茶杯在上，茶壶怎么倒水呢？"

释圆和尚微微一笑，说道："原来你明白这个道理，你渴望别人能够把绘画技巧传授给你，可是你却不能放正自己的位置，又怎么能够吸纳别人的经验和智慧呢？"

故事微语

认清自己，并且做一个自己能够认可的人，这同样也是我们每个人人生之中非常重要的事情。认可自己并不仅仅是一句简单的话，更是我们自身的价值观、世界观和人生观的直接体现。

中国人喜欢中庸之道，喜欢含蓄的情感，所以并不擅长自我评价，甚至会在自我评价的时候，故意自谦。时间久了，这种自谦便成为了人们自我认知的阻碍。所以想要真正地认清自己，就需要很多辅助条件来完成。当我们能够充分地、客观地、理性地完成自我认知、自我评价，那么自然就能够看清自己是否达到了自己最初的设想。

心灵箴言

自知之明是最难得的知识。

——西班牙谚语

最困难的事情就是认识自己。

——希腊谚语

最灵敏的人也看不见自己的背脊。

——非洲谚语

自己的鞋子，自己知道紧在哪里。

——西班牙谚语

完善性格，内心世界的建造

故事话题

一位日本著名的演员正在后台准备上场表演，身边的朋友提醒他说："你的衣服扣子上下扣错了，还有点时间，你弄好衣服。"

演员低头看了看，就一边对朋友道谢，一边扣好了纽扣。可是等朋友离开后台之后，他又将纽扣重新扣错。

恰好有工作人员看到了这一幕，便非常好奇地问演员这样做的原因。没想到演员却说："我扮演的是一个流浪汉，扣错纽扣正好能够表现出他生活邋遢、不修边幅的状态。"

工作人员就问："那你刚才为什么不告诉你的朋友呢？"

演员说："他是好心提醒我，是怕我上台之后出丑，如果我一解释，就说明他错了，这样一来，很有可能会伤害我朋友的自尊。更重要的是，以后朋友们还能在我面前提出我的缺点，让我不断完善自己。否则别人在我面前都不敢说出我的错误，那我又怎么能知道自己做错了呢？"

故事解析

梦想对于每个人都是公平的，当我们付出了绝对的努力，当我们为了梦想不断完善自己，当我们每一次总结失败教训之后，梦想总有一天会在生活当中成为现实。

正如同那首歌所唱：没有人能够随随便便成功。梦想，就是我们的每一秒行动；梦想，就是我们的每一个信仰；梦想，就是我们永恒的追逐。人生，因为梦想而精彩，而我们，则因为梦想更加完美、充实。

故事穿越

唐太宗李世民之所以被人称为“明君”，最关键的一点就是他能够听取大臣提出的意见。在唐太宗在位的时期，有一个叫魏徵的大臣，他整日对着李世民说，作为皇帝，你应该如何如何，不应该如何如何。可是李世民毕竟是皇帝，他常常因为魏徵太过直白而气愤不已。

有一天，李世民和魏征之间再一次因为一些事情发生了争执。李世民非常生气，就质问道：“你到底要干什么？看你这样子，你是一定要做个忠言逆耳的‘大忠臣’啊！”

魏征自然是听出了唐太宗的不满，他跪下来说道：“微臣并不愿做忠臣，但愿意做良臣、贤臣。”

唐太宗一听，心里非常好奇，就问到：“为何？”

魏徵回答说：“因为忠臣都会被砍头。”

李世民一听就笑了，他知道魏徵这是变着法子提醒自己要成为一个虚怀纳谏的明君，不要做动不动就砍掉忠臣脑袋的昏君。自此之后，李世民便更加信任魏徵。

当魏徵因病去世的时候，唐太宗非常难过，他说：“朕有三面镜子：以铜为鉴，可正容颜、正衣冠；以史为鉴，可知兴替；以人为鉴，可明得失。”意思就是说，他用铜镜来观照自己，就能看到自己有什么不正之处；用历史来鉴定照察自己的作为，可以知道自己的做法是兴盛、还是衰败；旁边的这些大臣给朕劝诫，朕才能知道什么是好，什么是坏。而这三面镜子已经破了一面，所以他很伤心。这面镜子就是指魏徵。

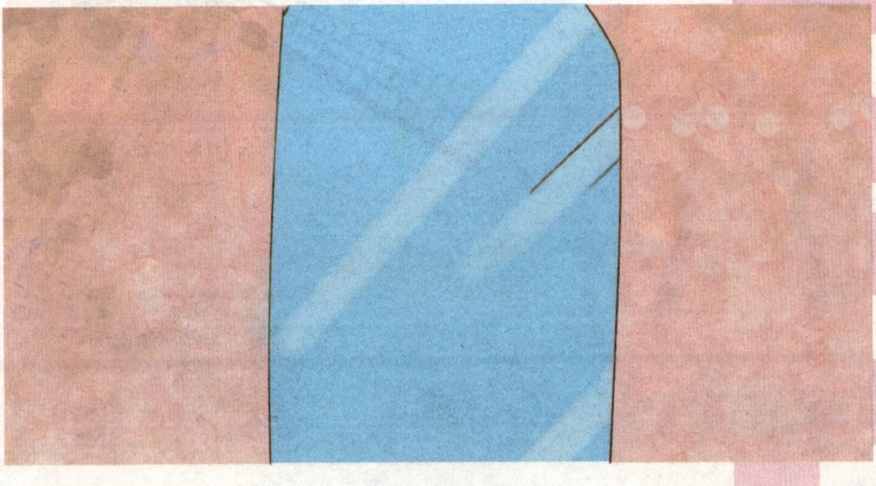

故事微语

人是生存于群体之中，而并非独自存在。对于自己，别人有不同的评论，而我们就要在他人的评价之中完善自我，来弥补自己的不足。

在听到别人对自己的评价之后，一定要深思而慎取，即使他人的评价有时是片面的，因为“旁观者清”。而千万别像八哥一样，唯我最真，唯我最美，因为“当局者迷”。别人的评价使我们认清自己，使我们发现自己的不足，同时也可以进一步更好地完善自己。

别人的评价就像警钟一样，时时刻刻让我们发现自己的不足，把别人的评价作为自我检测的标准，弥补缺点，从而进一步完善自我。

心灵箴言

青春须早为，岂能长少年。

——孟郊

青春岂不惜，行乐非所欲。

——文天祥

斗争的生活使你干练，苦闷的煎熬使你醇化；这是时代要造成青年为能担负历史使命的两件法宝。

——茅盾

孩子们，不要害怕现实，不要向现实低头，你们来到这个世界，不是为了要服从老朽的东西，而是要创造新的，有理智的、光辉的东西。

——[苏联] 高尔基

不经风雨，长不成大树；不受百炼，难以成钢。迎着困难前进，这也是我们革命青年成长的必经之路。有理想有出息的青年人必定是乐于吃苦的人。

——雷锋

充实自我，时刻给自己充电

故事话题

我国古代著名的音乐家师旷将自己的毕生精力都放在了音乐上，受到了世人的尊敬。

有一天，师旷正在为晋平公演奏古琴，突然听到晋平公长叹口气，师旷问道："不知您究竟为何事叹气？"

晋平公说："我现在已经到了古稀的年纪，可是有很多东西还是没有学会，可时间已经所剩不多了，想要学习也太迟了。"

师旷回答说："那您就点根蜡烛吧。"

晋平公听完之后非常不高兴："你是在故意戏弄本王吧！"

师旷赶紧解释说："我怎么敢戏弄您呢，只是我听人说，年少时候学习，就仿佛走在朝阳下；壮年时候学习，就仿佛是在正午的阳光下行走；那么到了老年的时候，就犹如在深夜里点着蜡烛小心前行。尽管烛光微弱，不能和阳光相比，可是总比在黑夜中前行要强一些吧。"

晋平公听完之后，深受启发，在晚年的时候也仍然不忘学习。

故事解析

充实自己，并不是一个简单的举动，而是要贯彻始终的态度。人这一生，分为学习阶段、工作阶段、修养阶段，但实际上，学习这个举动存在于整个人生。

当我们走出校门，就更应该充实自己，这种充实并不仅仅是在知识方面，有很多事情是在书本上学不到的，比如他人的经验，比如为人处世的智慧等等，所以，永远不要放弃学习的心，只有这样，才能让我们走得更远。

故事穿越

著名的经济学家于光远时时刻刻都不忘记学习，学到老，活到老。在他86岁那一年，计算机开始普及起来，他立刻买了一台电脑，在家里仔细研究，学习使用电脑。后来网络兴起，已经将近90岁的他，立刻建立了属于自己的博客，并且在博客上发表自己的文章。

除了经济学方面的著作之外，于光远还非常喜欢文学，尤其是在散文方面的造诣更是不同凡响，先后出版了《古稀手迹》《墙外的石榴花》《我眼中的他们》《周扬和我》《我的编年故事》等作品。

尽管他退休多年，可是却仍然不愿意浪费时间，每天都花费大量的时间坐在电脑前，一边学习，一边写作。曾经有媒体访问他："于老，您现在已经是鼎鼎大名的经济学家，为什么还不趁着晚年时间享受一下生活呢？"

于光远都会回答说："活到老自然要学到老，我还打算要在百岁之前，出版百部作品呢！"

故事微语

老话说，活到老，学到老。这就是一种人生智慧。

有些人常常固步自封，认为自己已经学有所成，就无需再像学生时代那样苦苦学习。实际上，离开了学生生涯，才更应该要有学习的精神，因为这才是充实自我的开端。

充实自己，时刻为自己充电，才能让我们有能力、有胆量、有魄力去应对人生中的种种事情，才能让我们走向成功。

心灵箴言

美，是道德上的善的象征。

——[德] 康德

千万不要华丽低俗，因为从衣服上往往可以看出一个人。

——[英] 莎士比亚

有些老年人显得可爱，因为他们的作风优雅而美。而尽管有的年轻人具有美貌，却由于缺乏优美的修养而不配得到赞美。

——[英] 培根

第五篇

人生宝藏，时间沉淀下的智慧

在这个世界上并没有真正的公平存在，可是有一样东西对于任何一个人而言都是绝对公平的，这就是时间。无论你是贫穷还是富有，时间都不会对你另眼相看。但是通过时间，有些人能够积累经验，并且领悟人生哲理，可是有些人却在时间的脚步中虚度了年华。

积累经验，才能不断攀登

故事话题

对于很多在校的大学生而言，一直都很渴望拥有兼职的机会，但是对于学生而言，兼职并不仅仅意味着拥有零用钱，更重要的是能够积累和人相处的经验。

武汉大学、华中师范大学、中南财经政法大学、华师传媒学院等十余所高校做过一次学生调查，有超过 74%的学生都有过兼职打工的经验，目的并不在于赚钱，而是为自己积累一些社会经验。

学生中的优秀代表王同学是某高校专业成绩非常出色的学生，可是他的兼职工作却是在一家餐厅里做服务员，有很多人都非常不理解他的这种做法，可是王同学却勇于坚持自己。

原来，王同学所学专业是公关，他认为这份专业除了要拥有丰富的理论知识，更重要的是要掌握与人交际的技巧，同时也要磨炼自己的忍受力和承受力，虽然餐厅服务员的费用不算高，可却能够让他更好地学习怎么和别人打交道，而这些都是学校里根本学不到的知识。

1
2

故事解析

对于人生而言，时间就如同大浪，而经验则是大浪淘沙之后留下的珍珠。智者总会捡起这些来之不易的珍珠，作为时间沉淀的精髓保留，并且能够在经验中学习到更多。

积累经验，不仅仅是要通过时间的积累来收获知识和力量，同样也能够吸收到很多教训，让人生的奋斗之路更加畅通。所以不要小看每一天的重复，而是重视这些人生中的点滴，成为自己的宝藏。

故事穿越

19世纪法国著名作家莫泊桑一直非常喜欢写作，可是他写出来的作品都非常平淡，没有什么特色。在一次偶然的机遇中，他认识了法国文学大师福楼拜，并且拜他为师。

他问："老师，我已经阅读了很多书籍，可是每次自己下笔写作的时候，总是感觉力不从心，写出来的文章不够生动，您说这是为什么呢？"

福楼拜非常直接地说："这个问题很简单，是你的功夫还不到家。"

莫泊桑急切地问道："那怎样才能使功夫到家呢？"

"这样吧，我给你出个主意，你家门前不是天天都有马车经过么，你就站在门口，把每天看到的情况，都详详细细地记录下来，而且要长期坚持下去。"

从第二天开始，莫泊桑就真的站在家门口，看着大街上来来往往的马车和人，可是一无所获。莫泊桑只得再次来到福楼拜家中。

他一进门就说："老师，我按照您的教导去看大街上的马车，可是却没看出什么特殊的东西，那么单调，没有什么好写的！"

福楼拜一听，立刻吃惊地说："怎么能说没什么东西好写呢？我问你，富丽堂皇的马车和装饰简陋的马车是一样的走法吗？烈日炎炎下的马车是怎样走的？狂风暴雨中的马车是怎样走的？马车上坡的时候，马怎样用力？车下坡的时候，赶车人怎样吆喝？他的表情是什么样的？……"福楼拜滔滔不绝地说着一个接一个的问题，而这些都在莫泊桑的脑海中打下了深深的烙印。

自此之后，莫泊桑天天在大门口，全神贯注地观察过往的马车，并且从中获得了丰富的材料，最终成为非常著名的文学家。

故事微语

积累经验，是我们自身对于时间最真诚的注脚。每个人的时间都是宝贵的，能够通过时间积累到什么都是一种选择，可是聪明的人往往能够从中悟出一些道理。

积累经验，并不仅仅体现在工作之中，即便是生活中的点滴，也都存在着经验。经验，不仅仅能够成为我们成长的养分，还能够让我们懂得如何规避掉风险，如何克服生活中的困难。对于我们的成长而言，经验是一份不可或缺的基石，成为人生的高度。

心灵箴言

观察，观察，再观察。

——[俄] 巴甫洛夫

要测量一个人真实的个性，只须观察他认为无人发现时的所作所为。

——[英] 麦考莱

观察对于儿童之必不可少，正如阳光、空气、水分对于植物之必不可少一样。在这里，观察是智慧的最重要的能源。

——[苏联] 苏霍姆林斯基

厚积薄发，达到质的飞跃

故事话题

众所周知，西晋时期著名的辞赋大家左思的代表作品就是《三都赋》，可是很少有人知道，为了撰写这本《三都赋》，左思花费了 10 年的时间。

为了创作他心目中最满意的作品，在这 10 年的时间里，他每天都在构思这篇辞赋的语言文字、思想内容和艺术境界。有时候，突然间在脑海中闪现出了创作灵感，他就立刻要记录下来，所以不论何时何地，他都会带着纸笔。

经过 10 年时间，他终于完成了让他名动天下、流传千古的《三都赋》，据说这本书刚一上市，立刻在洛阳形成轰动，为了能够早日阅读到此书，很多人都竞相传抄，一时之间导致了洛阳城内的纸张都供不应求，纸价暴涨，成语“洛阳纸贵”就是根据这个故事而来。

故事解析

厚积薄发，是一种能力的积累，通过量变最终达到质变的腾飞。

学习是一个积累的过程，生活也是一个积累的过程，人总是在不断地成长，当下你可能默默无闻，在别人眼里你就是一个平庸的人。可是我们自己的心里应该清楚，点点滴滴的积累，脚踏实地的学习，总有一天，你会有所成就。

永远不要像那些肚中空空却夸夸其谈表现自己的人学习，我们就是要做我们自己，独善其身，厚积薄发。

故事穿越

汉朝作为中国古代国富民强的一个朝代，或许很少有人能够相信，在汉朝建立之初，常常被强悍的邻居——匈奴侵犯。从汉高祖刘邦建立汉朝，一直到汉武帝的“汉武盛世”，才彻底解决掉匈奴问题。

比如大家都熟悉的大将霍去病、卫青都为了保卫国家安定，抗击匈奴侵略而付出了自己的努力。

除了武将之外，就连皇帝本人也同样如此。汉高祖刘邦在建立汉朝之后，努力提高汉朝的经济水平，让百姓休养生息。再通过文景之治，汉朝的经济水平有了大幅度提高，正是因为这个原因，才成就了汉武帝的霸业——明犯强汉者，虽远必诛！

故事微语

隐忍，并非是惧怕，也绝非是毫无原则地妥协，而是一种能量的积累，是一种厚积薄发的力量储存。在我们的现实生活中，总会遇到一些我们不愿意遇到的事情，无论是人、还是事，都是如此。那么，如何去面对这些呢？

有些人会认为，对待生命中不喜欢的事情，就要竭尽所能地去抵抗，却忽略了我们所处的环境和能力。反之，对于隐忍生活之中的不愉快，用积极的态度去面对，积累自己的力量和学识，这样，生活中的困难和坎坷早晚都会被我们跨过去，而不是一直阻挡在我们的面前。

心灵箴言

少壮不努力，老大徒伤悲。

——汉乐府《长歌行》

笔落惊风雨，诗成泣鬼神。

——杜甫

博观而约取，厚积而薄发。

——苏轼

别裁伪体亲风雅，转益多师是汝师。

——杜甫

博学之，审问之，慎思之，明辨之，笃行之。

——《礼记》

不飞则已，一飞冲天；不鸣则已，一鸣惊人。

——司马迁

不登高山，不知天之高也；不临深溪，不知地之厚也。

——《荀子》

成熟的标志，更加理性地看待世界

故事话题

战国时期，吴国和越国掀起了战争，越国被吴国打败，越王勾践被当作人质扣押在吴国境内。

越王勾践原本是一个非常骄傲的人，可是面对这种窘境，他却表现出一种成熟和理智。无论吴王夫差怎么羞辱他，他都表现得非常老实。

有一次夫差生病，大夫说要仔细观察他的排便情况，勾践便主动请求做这份工作，在接下来的两天时间里，勾践非常认真地完成这份工作，并且告诉夫差，他的病过不了两天就会好。果不其然，几天之后，夫差的病真的好了。

就是因为这些点滴的小事，夫差终于让他回到越国的境内。自此之后，越王勾践每日卧薪尝胆，最终使越国强大起来，并且战胜了吴国，一雪前耻。

故事解析

在工作、学习过程中，我们也常常遇到一些难题，甚至会因此而感到棘手。可是在烦恼的时候，不妨换个角度看待，就如同诸葛亮站在司马懿的角度思考，我们也能够站在旁人的角度观察问题，就能够理智地分析，豁然开朗，甚至找到解决问题的方法。

除此之外，我们偶尔也会陷入到自己的思绪中无法自拔，常常被这些情绪所左右，沉浸于某种思绪，便容易一叶障目，把自己的认知当成了真理，可这种主观认知常常是错误的。往小了说，或许只会成为一段时间的心理包袱，如果太过严重，甚至有可能影响我们的人生。

所以，无论遇到什么样的问题，即使心里有再多的负面情绪，也不妨先努力让自己冷静下来，或许就能够柳暗花明又一村，或许就能够理智客观地面对人生。这未尝不是一个好的方法。

故事穿越

作为“汉初三杰”之一的韩信，在追随刘邦之前，曾经遭遇过一次人生的奇耻大辱。当然，这份所谓的“奇耻大辱”不过是世人的定义，可是在韩信内心却并非如此定义。

当时韩信还身处淮阴，有一群恶少常常当众羞辱他，甚至有一个屠夫当着韩信的面直言道：“别看你长得高高壮壮，还总是拿着剑，但是我知道，你其实就是个胆小鬼！有本事的话，你敢用剑刺我吗？”韩信看了看他，又摇了摇头，不愿和这名屠夫纠缠。但是屠夫看到韩信如此反应，心里更加得意，就拦着韩信说道：“如果你不敢，就从我的裆下钻过去。”韩信听闻，就当着很多围观的闲杂人等面前，从屠夫的裆下钻了过去。于是在场的人都嘲笑韩信是个胆小鬼。这也就是著名的“胯下之辱”的典故。

但是，韩信并非胆小，而是觉得这不过是一件不足为奇的小事，如果他真的拿剑刺伤了屠户，别说推翻秦朝的残暴统治了，或许还会因此而入狱。再者，尽管屠夫仗势欺人，但却并非是该死之徒，又何须和市井小民如此计较呢？

后来，当韩信功成名就之后，那名屠夫非常紧张，日日担心，生怕韩信回来找他报仇。果然，很快，韩信就找到了他，但却并非是回来报仇，而是告诉他自己当初不刺伤他的真正原因，并且将屠夫收入自己的帐下。

故事微语

有很多时候，我们常常因为冲动而做出一些不理智的举动，而这些举动则成为我们人生之中无法改变的事实。但是如何让我们能够理智地对待人生所遇到的种种呢？除了理性、冷静之外，其实也很需要包容。

生活就是这样，用什么心态去看待生活，生活就回馈给我们什么样的风景。所以做一个心胸豁达之人，自然就能感受到生活中的豁达。

心灵箴言

创新是科学房屋的生命力。

——[美] 阿西莫夫

若无某种大胆放肆的猜想，一般是不可能有知识的进展的。

——[美] 爱因斯坦

我们要记着，作了茧的蚕，是不会看到茧壳以外的世界的。

——李四光

一个人想做点事业，非得走自己的路。要开创新路子，最关键的是你会不会自己提出问题，能正确地提出问题就是迈开了创新的第一步。

——[美] 李政道

团队的力量，协作才是王道

故事话题

英国动物学家做了这样一个实验，他们将一盘点燃的蚊香放进一个蚁巢，开始的时候，巢中的蚂蚁非常惊恐，它们四处逃散。可是大约 20 秒钟后，许多蚂蚁就会突然调转方向，纷纷向火冲去，并喷射出蚁酸。当然，一只蚂蚁喷射的蚁酸量毕竟有限，所以就有大批的“蚂蚁勇士”葬身火海。经过它们前仆后继的努力，终于将火扑灭。而幸存的蚂蚁也立即将“战友”的尸体移送到附近的一块“墓地”，盖上一层薄土，以示安葬。

一个月后，这位动物学家又把一支点燃的蜡烛放到原来的那个蚁巢进行观察。有了前面的经历，蚂蚁们迅速调兵遣将，协同作战有条不紊。不到一分钟，烛火即被扑灭，而蚂蚁无一遇难。根据这个实验，动物学家认为蚂蚁创造了灭火的奇迹。蚂蚁面临灭顶之灾的非凡表现，尤其令人震惊。

据说在野火燃烧的时候，为了逃生，众多蚂蚁就会迅速聚拢，抱成一团，然后就好像是滚雪球那样飞速滚动，逃离火海。尽管最外层的蚂蚁会迅速因为烧焦而掉落，可这种团队的力量能够让蚂蚁迅速逃离危险地带，这也是蚂蚁生生不息的关键所在。

故事解析

每个人的能力都是有限的，当我们朝着同一个目标奋斗的时候，相互协作往往能够发挥出最大的力量，这种力量甚至超过了团队成员的能力总和。曾经有一道非常著名的辩论题目：“1+1>2 在什么时候能够成立?”这道题目并没有标准答案，但是很多人都想到了团队协作。

随着社会的高速发展，人和人之间的合作只会越来越多，而且形式也会逐渐越来越广泛，所以我们更应该重视团队协作的重要性。常言道：“人多力量大。”团队协作并不仅仅是简单的能量相加，最好的团队协作模式是要通过成员之间相互激励、相互帮助、相互配合，最终将能力最大化。

毫不夸张地说，一项任务的完成必然是通力合作的结果，想要成为21 世纪的成功者，就必须是全面发展的人，富有开拓精神的人，善于与他人合作的人。

故事穿越

腾讯主要创始人马化腾在自己的创业道路上，感受最深的便是团队精神。

在最初创业的时候，马化腾邀请了4个伙伴和自己共同努力，可是启动资金却全部由马化腾负责。到了后来，腾讯开始盈利之后，有的伙伴也想要投入资金，占有更大的股份，可是马化腾却并不同意，他说："根据我对你能力的判断，你不适合拿更多的股份。"

有人以为，马化腾这样做是因为不愿意分掉自己手上的权利，但他心里想的却是，在一家公司里讲究的是团队力量，而不是个人力量，所以未来的潜力要和应有的股份匹配，不能让干事的人股份变少，不干事的人拿着大股份耀武扬威。

在腾讯公司初见规模之后，马化腾主动将自己的股份降到47.5%，而其他几位股东的总和恰恰超过他一点点，这样一来双方都达到了一种平衡，更能够形成团队凝聚力。

故事微语

团队协作最关键的一点，就是在于相互信任、相互扶持。

或许有些人会认为，现如今竞争如此激烈，合作的同时也存在着竞争的现象。是的，竞争和合作就仿佛是一对孪生兄弟，没有竞争只有合作，就会缺乏奋发向上的动力，只有竞争没有合作，只能让我们固步自封。只有竞争和合作同时存在，才能够促进我们达到双赢的效果。

一个团队，首先是一个整体，无论是成功还是失败，都不可能只是一个人的事情，这就如同一个集体。在我们上学的时候，都曾经为了集体荣誉而努力过，当我们进入社会之后，就更应该懂得团队合作的重要性。

共同进步即双赢是竞争最理想的结果。良好的合作，创造竞争中的双赢。在竞争过程中双方相互激励、相互帮助、取长补短，大家都有所收获，有所提高，有所发现，有所前进。

心灵箴言

民齐者强。

——荀况

唯宽可以容人，唯厚可以载物。

——薛宣

天时不如地利，地利不如人和。

——孟子

若不团结，任何力量都是弱小的。

——[法] 拉封丹

一个人像一块砖砌在大礼堂的墙里，是谁也动不得的；但是丢在路上，挡人走路是要被人一脚踢开的。

——艾思奇

质疑的勇气，敢向权威挑战

故事话题

伽利略 17 岁的时候，考进了比萨大学医科专业。他非常喜欢思考，碰到不懂的问题，不问个水落石出决不罢休。

有一次，比罗教授正在讲台上为学生们讲述胚胎学。他说：“生男孩还是生女孩，最关键的就是父亲的强弱。父亲身体强壮，母亲就生男孩；反之，父亲身体衰弱，母亲就生女孩。”

比罗教授的话音刚落，伽利略就举手问道：“会不会有例外呢？如果有了例外，这个理论还能否成立呢？”

比罗教授非常不高兴：“你提的问题太多了！你是个学生，上课时应该认真听老师讲，多记笔记，不要胡思乱想，动不动就提问题，影响同学们学习！”

伽利略没有被比罗教授吓倒，继续反问：“这不是胡思乱想，也不是动不动就提问题。我的邻居，男的身体非常强壮，可他的妻子一连生了 5 个女儿。这与老师讲的正好相反，这该怎么解释？”

“我是根据古希腊著名学者亚里士多德的观点讲的，不会错！”比罗教授搬出了理论根据，想压服他。

伽利略继续说：“难道亚里士多德讲的不符合事实，也要硬说是对的吗？科学一定要与事实符合，否则就不是真正的科学。”比罗教授被问倒了，下不了台。

尽管后来伽利略受到了校方的批评，但是，他这种勇于坚持、好学善问、追求真理的精神却丝毫没有改变。正因为这样，他才最终成为一代科学巨匠。

故事解析

当我们面对权威质疑的时候，当我们面对他人的排挤的时候，当我们被情感绑架的时候，我们是否能够坚持自己的原则，这不仅仅关系到我们的人际关系，更关系到我们的尊严。

坚持自己的原则，不仅仅是对自我最根本的认知，更是对自己能力的坚持。有些原则是能够变通的，但是有一些却是必须捍卫的底线，更是我们人格的绝对体现。

故事穿越

《狐狸和葡萄》是《伊索寓言》中的名篇。故事里那句狐狸吃不到葡萄，就自我解嘲说：“这葡萄是酸的，还没有成熟”被很多人熟知。

有一天，柏拉图拿着《伊索寓言》对苏格拉底说：“老师，伊索老先生的《狐狸和葡萄》，立意好是好，但却严重脱离现实。狐狸是吃肉的，它怎么会吃葡萄呢？”

苏格拉底听了，觉得很有道理，就拍拍了柏拉图的肩膀，说道：“孩子，你这个问题提的好。”

随后，苏格拉底就告诉他的学生：“不要迷信名人，名人同样会犯错误。狐狸是食肉动物，可伊索在寓言中却写狐狸想吃葡萄。这就未免有点可笑了。”他还再次对柏拉图敢于质疑名人的勇气给予了肯定。

但是没过多久，苏格拉底应一位种植葡萄的朋友的邀请，到他家去做客。吃过饭后，几个朋友就在葡萄园里散步，突然，苏格拉底发现一只狐狸在大口大口地偷吃葡萄。这个场景让苏格拉底惊诧不已。

“狐狸不是食肉动物吗，它怎么会吃葡萄呢？”苏格拉底问他的朋友。

他的朋友连忙为他解释：“狐狸本身就很喜欢吃葡萄，在我这个葡萄园里，经常都会有狐狸来偷吃，一次能损失好几斤。”

苏格拉底不语了。他从朋友那里回去后，把他看到的情景讲给学生们听，并且告诫学生，不仅仅要大胆质疑，同时也要小心求证。

故事微语

坚持原则，尽管说起来很容易，但是做起来却并不容易，尤其是在我们走进社会之后，我们要面对很多容易让我们动摇的因素。但是，坚持原则并不仅仅是对于别人，更是对自己的要求——想要成功，就必须坚持自己的原则，要有很顽强的意志力。

但是，我们内心应该非常清楚，原则是坚守给自己的，让自己能够获得成功，让自己活得正直，让自己不留缺憾，所以，坚守原则，不要因为微小的变故而失掉自己内心的坚持。

心灵箴言

创新就是创造性地破坏。

——[奥地利] 熊彼特

创新是科学房屋的生命力。

——[美] 阿西莫夫

聪明的年轻人以为，如果承认已经被别人承认过的真理，就会使自己丧失独创性，这是最大的错误。

——[德] 歌德

心灵榜样微史话

华罗庚

华罗庚，世界著名数学家、中国科学院院士，还担任美国国家科学院外籍院士等职务。在数学研究方面，他开拓了中国解析数论、矩阵几何学、典型群、自守函数论与多元复变函数论等多项研究课题。因此，华罗庚入选芝加哥科学技术博物馆“当今世界 88 位数学伟人”之一。由于华罗庚在多复变函数论、典型群方面的研究领先西方数学界 10 多年，因此在国际上有名，形成了“典型群中国学派”。除此之外，华罗庚培养出众多优秀的年轻学者，比如著名的数学家陈景润等。

苏格拉底

苏格拉底（前 469—前 399），古希腊著名的思想家、哲学家、教育家、公民陪审员，他和他的学生柏拉图，以及柏拉图的学生亚里士多德被并称为“古希腊三贤”，更被后人广泛认为是西方哲学的奠基者。身为雅典的公民，据记载苏格拉底最后被雅典法庭以侮辱雅典神和腐蚀雅典青年思想之罪名判处死刑。尽管他曾获得逃亡雅典的机会，但苏格拉底仍选择饮下毒堇汁而死，因为他认为逃亡只会进一步破坏雅典法律的权威，同时也是因为担心他逃亡后雅典将再没有好的导师可以教育人们了。

贝多芬

路德维希·凡·贝多芬，伟大的德国作曲家之一、维也纳古典乐派的代表人物之一，是世界音乐发展史上有着重要位置的音乐家，被世人称之为“乐圣”，更是被评价为“集古典主义之大成，开浪漫主义之先河”的伟大音乐家。他出生于德国波恩，父亲是一名擅长高音的歌手，他自幼就显露出极高的音乐天赋。在晚年时分，贝多芬患上耳疾，失去了听觉，却并未因此而放弃自己的音乐梦想，他勇敢地扼住了命运的喉咙。在他的一生中，创作了 9 首编号交响曲、35 首钢琴奏鸣曲（其中后 32 首带有编号）、10 部小提琴奏鸣曲、16 首弦乐四重奏、1 部歌剧、2 部弥撒、1 部清唱剧与 3 部康塔塔，另外还有大量室内乐、艺术歌曲、舞曲。

伽利略

伽利略·伽利雷是 16—17 世纪的意大利数学家、物理学家、天文学家。伽利略发明了摆针和温度计，他在科学上为人类作出过巨大贡献，是近代实验科学的奠基人之一。他被誉为“近代力学之父”“现代科学之父”和“现代科学家的第一人”。他在力学领域进行过著名的比萨斜塔重物自由下落实验，推翻了亚里士多德关于“物体落下的速度与重量成正比例”的学说（两个铁球同时落地），建立了自由落体定律；还发现物体的惯性定律、摆振动的等时性和抛体运动规律，并确定了伽利略相对性原理。他是利用望远镜观察天体取得大量成果的第一人，重要发现有：月球表面凹凸不平、木星的 4 颗卫星、太阳黑子、银河由无数恒星组成，以及金星、水星的盈亏现象等。

苏秦

苏秦（前 337—前 284），字季子，汉族，东周战国时期周王室直属雒阳（今河南洛阳）人，战国时期著名的纵横家，与张仪齐名。为鬼谷子王诩的徒弟。游说六国期间，苏秦先奉燕昭王命入齐，从事反间活动，使齐疲于对外战争，以便攻齐为燕复仇。齐宣王未任齐相。

秦昭王与齐湣王并称东西帝。他劝说齐王取消帝号，与赵平原君约五国攻秦，被赵封为武安君。五国合纵攻秦，迫使秦废帝号，归还部分魏赵土地。而后，齐国乘机攻灭宋国。

被赵奉阳君行诈，奉阳君被杀后，发动韩、赵、燕、魏、齐诸国合纵，迫使秦国废帝退帝。苏秦以一己之力促成山东六国合纵，使强秦十五年不敢出函谷关，又配六国相印，叱咤风云。

后世敬仰其成就，以“苏秦背剑”来命名武术定式，十分形象，通俗易懂，更取其纵横捭阖之意。

孔子

孔子，名丘，字仲尼。是春秋末期鲁国陬邑人，儒家学派的创始人。是中国古代著名的思想家、教育家，有“天纵之圣”“天之木铎”之赞誉，是当时社会上的最博学者之一，被后世统治者尊为孔圣人、至圣先师、至圣、文宣皇帝、万世师表、文宣王，是“世界十大文化名人”之首。

孔子主张“仁”“德”“礼”。而他的儒家思想对中国，乃至全世界都有深远的影响，世界各地都有孔庙祭祀孔子。

屈原

名平，字原，又自云名正则，号灵均，楚武王熊通之子屈瑕的后代。东周战国时期楚国人，他是一个黄老之学的传播者。继吴起之后，在楚国另一个主张变法的政治家就是屈原。他因上奏不被楚王接受，他满怀忧愤之情，跳入汨罗江自尽。从而，世人为了纪念他，便有了端午节。

他创立了“楚辞”，也开创了“香草美人”的传统。主要作品有《离骚》《九章》《九歌》等。他创造的“楚辞”，与《诗经》并称“风骚”二体，对后世诗歌产生深远影响。

韩信

韩信，西汉开国功臣，是中国历史上杰出的军事家，与萧何、张良并称为“汉初三杰”。

韩信早年家贫，在秦朝末年，参加了反秦斗争。最开始先是投奔项羽，后经夏侯婴推荐，拜治粟都尉，可是并没有得到重用。直到萧何向刘邦保举韩信，才得到了刘邦的信任，被封为大将军。韩信对刘邦分析了楚汉双方的形势，建议举兵东向，三秦可以夺取。刘邦采纳了这一建议，立即作了部署，很快占取了关中。

在楚汉战争中，韩信发挥了卓越的军事才能。平定了魏国，背水一战击败代、赵。在此之后，他又北上降服了燕国。汉四年，韩信被拜为相国，率兵击齐，攻下临淄，并在潍水全歼龙且率领援齐的 20 万楚军。最终，刘邦遣张良立韩信为齐王，第二年十月，又命韩信会师垓下，围歼楚军，迫使项羽自刎。

汉朝建立后解除兵权，徙为楚王。被人告发谋反贬为淮阴侯，吕后与相国萧何合谋，借口韩信谋反，就将他骗入长乐宫中，斩于钟室，夷其三族。

王进喜

王进喜，甘肃玉门人，中国石油工人的代表，中国工人阶级的先锋战士，中国共产党员的优秀楷模，中华民族的英雄。他为祖国石油工业的发展和社会主义建设立下了功勋，在创造了巨大物质财富的同时，还给我们留下了精神财富——铁人精神。

苏步青

苏步青（1902.09.23—2003.03.17），中国科学院院士，中国杰出的数学家，被誉为数学之王，与棋王谢侠逊、新闻王马星野并称"平阳三王"。主要从事微分几何学和计算几何学等方面的研究。他在仿射微分几何学和射影微分几何学研究方面取得出色成果，在一般空间微分几何学、高维空间共轭理论、几何外型设计、计算机辅助几何设计等方面取得突出成就。曾任中国科学院学部委员、多届全国政协委员、全国人大代表，第五、第六届全国人大常委会委员，第七、第八届全国政协副主席和民盟中央副主席，浙江大学数学系主任、复旦大学校长等职。1978 年获全国科学大会奖。

心灵修养用语微解

求证：寻找证据或求得证实。

细微：十分精确的，精密计量的，敏锐分析的；细小微小。

理智：指仁义理智信。语出巴金《家》：“你的理智可以征服感情，我的理智则常被感情征服。”

全力以赴：把全部精力都投入进去。出自赵翼《二十二史札记》：“故凡可以得名者，必全力以赴，好为苟难，遂成风俗。”

习惯：是指积久养成的生活方式。今泛指一地方的风俗、社会习俗、道德传统等通过实践或经验而形成的、一时不容易改变的行为、倾向或社会风尚。

周全：周到，全面。《红楼梦》第三十四回：“你竟有这个心胸，想得这样周全。”《官场现形记》第一十一回：“只说是自己的乡亲，托他务必周全一下子。”

经验：从多次实践中得到的知识或技能。晋陶潜《搜神后记》卷二：“高平郗超……得重病。卢江杜愆少就外祖郭璞学《易》卜，颇有经验。超令试占之，卦成，不愆。”

谨慎：对外界事物或自己言行密切注意，以免发生不利的事情。例句：我们对谈判的前景表示谨慎的乐观态度。谨慎是一种聪慧，谨慎的人，为人做事稳重，但是比较缺乏自信心和果断力。

完善：解释为完备美好；无缺损；使趋于完美和增加在完成的基础上，起到锦上添花的作用。明·张居正《帝鉴图说述语》：“究其终始，尚多可议，其完善烁懿、卓然可为世表者，才什一耳。”《初刻拍案惊奇》卷五：“忽遇虎负爱女至，惊逐之。顷虎去而人不伤，今完善在舟，希示进止。”

质疑：利用证据，提出疑问，请人解答。《管子·七臣七主》：“芒主通人情以质疑，故臣下无信，尽自治其事。”《南史·儒林传·顾越》：“弱冠游学都下，通儒硕学，必造门质疑，讨论无倦。”《明史·文苑传四·焦竑》：“从督学御史耿定向学，复质疑于罗汝芳。”朱光潜《克罗齐哲学述评》第七章：“现在所要说的只是个人读克罗齐所遇到的一些疑难，分条陈述，聊当质疑。”

知难而上：出自《左传·定公六年》，和知难而退意思相反，指明知道困难重重却偏要向前走，敢于迎难而上。知难而上指的是一种不怕困难，勇往直前的精神品质，我们要加以学习和发扬知难而上的精神。

天道酬勤：意指上天会酬报勤奋的人，付出的努力一定会有所回报。多一分耕耘，多一分收获，只要你付出了足够的努力，就算没有看到直接的收益，将来也一定会得到相应的回报。天道酬勤是常用励志类成语。

有始有终：有开头也有收尾。指做事能坚持到底。有始有终和“有头有尾”；都含有“做事能坚持始终”的意思。但有始有终偏重在坚持、始终如一；常作书面语；“有头有尾”偏重在到底；有个结束；常作口头语；是形象的比喻。并常用来形容文章、故事完整。

厚积薄发：厚积：指大量地、充分地积蓄；薄发：指少量地、慢慢地放出。多多积蓄，慢慢放出。形容只有准备充分才能办好事情。此句源于“君子厚积而薄发”一句。意思是经过长时间有准备的积累即将大有可为，施展作为。苏轼《稼说送张琥》：“博观而约取，厚积而薄发，吾告子止于此矣。”